Aufzüge und Fördermaschinen

AF302797

edition·epilog·de

Alois Riedler

Aufzüge und Fördermaschinen
auf der Weltausstellung in Philadelphia 1876

Zeitreisen zur Kultur + Technik
Herausgegeben von Ronald Hoppe
edition.epilog.de

Bibliografische Information der Deutschen Nationalbibliothek:
Die Deutsche Nationalbibliothek verzeichnet diese Publikation
in der Deutschen Nationalbibliografie; detaillierte bibliografische
Daten sind im Internet über http://dnb.dnb.de abrufbar.

Die Originaltexte von 1876 wurden in die aktuelle Rechtschreibung
umgesetzt und behutsam redigiert. Bei Längenangaben und anderen Maßen
erfolgte gegebenenfalls eine Umrechnung in das metrische System.

Ausgewählt, redigiert und gestaltet von Ronald Hoppe
Verlag: BoD · Books on Demand GmbH, Überseering 33, 22297 Hamburg, bod@bod.de
Druck: Libri Plureos GmbH, Friedensallee 273, 22763 Hamburg

ISBN: 978-3-8192-2719-6

Personen- und Lastenaufzüge

Die Ausstellung in Philadelphia bot in Bezug auf Personen- und Lastenaufzüge für Wohngebäude, Magazine etc. ein reiches Material, da fast alle hervorragenden Firmen, welche sich mit dem Bau von Aufzügen befassen, die Ausstellung sehr reich beschickten; namentlich brachte die in dieser Richtung wohl bedeutendste Firma Otis Brothers in New York, eine vollständige Kollektion aller ihrer Aufzugsmaschinen zur Ausstellung und waren außerdem die Firmen Stokes & Parish in Philadelphia, Wm. D. Andrews in New York durch Personenaufzüge, welche in konstantem Betrieb erhalten wurden, und die Firmen V. Mason & Co. in Providence und Crane Brothers in Chicago durch Personen- und Lastenaufzüge vertreten.

Diese Aufzüge repräsentierten ziemlich vollständig die verschiedenen Typen von Aufzügen mit Dampfbetrieb, die gegenwärtig in den Vereinigten Staaten in größerer Zahl im Betrieb sind. Die wenigen sonstigen Konstruktionen, die in Philadelphia nicht ausgestellt waren, jedoch eine häufigere Verwendung finden, sind ebenfalls mit in den Bericht aufgenommen. Es sind dies insbesondere die hydraulischen Aufzüge von Lane & Bodley in Cincinnati, von Le Van in Philadelphia, W. Hale in New York, die Hochofenaufzüge von P. L. Weimer in Lebanon, pneumatische Hochofenaufzüge von Taws & Hartmann in Philadelphia u. A.

An die Personen- und Lastenaufzüge sind im Bericht angereiht mehrere Konstruktionen von Dampfwinden für gewöhnliche Lasthebungen, für Aufzüge und Förderungsanlagen. Auf der Ausstellung waren solche Maschinen durch die

Firmen Williamson Brothers in Philadelphia, Lidgerwood Manufacturing Co. in New York, Copeland & Bacon in New York, Wm. D. Andrews in New York etc. reich vertreten.

An diese Gruppe reihen sich zum Schluss die Fördermaschinen für Bergwerke, von denen in Philadelphia nur eine liegende Zwillings-Fördermaschine der Dickson Manufacturing Co. in Scranton (Pennsylvania) ausgestellt war, während die Maschinen von G. H. Reynolds in New York, Rob. Allison in Port Carbon und die übrigen, noch in diesen Bericht aufgenommenen Fördermaschinen auf der Ausstellung nur durch Zeichnungen vertreten waren.

Dampfwinden und Fördermaschinen mit Friktionsräder-Antrieb finden in Amerika außerordentlich häufige Verwendung und müssen als charakteristische Konstruktionen betrachtet werden, die in mehrfacher Beziehung Interessantes bieten. Namentlich sind es die Förderungsanlagen mit konstant laufenden Antriebmaschinen und Kraftübertragung auf eine große Zahl von Fördertrommeln (durch Friktionsräder), welche in Amerika große Erfolge errungen haben und die tatsächlich in Bezug auf Betrieb und Handhabung bedeutende Vorteile bieten.

— — —

Aufzüge für Personen- und Lastentransport in Wohnhäusern, Magazinen etc. werden in Amerika in hoher Vollendung ausgeführt und bietet deren Konstruktion viel Neues.

Die hohen Arbeitslöhne haben in erster Linie dazu geführt, in Warenhäusern, Magazinen und Fabriken rasch und ökonomisch arbeitende Lastenaufzüge zu verwenden, die als ›*labor savers*‹ ganz allgemein verwendet werden und in keinem noch so kleinen Geschäftslokal etc. fehlen und die billigere Anlage von Warenlagern etc. in Stockwerken übereinander ermöglichen.

Das Bedürfnis nach Komfort, der lebhafte Verkehr in den für öffentliche und kommerzielle Zwecke dienenden Gebäuden, in den Hotels etc. haben zur ausgedehnten Verwendung von Personenaufzügen *(life savers)* geführt, und auch diese sind so allgemein geworden, dass sie gegenwärtig in allen Hotels, in allen größeren öffentlichen Gebäuden, in Warenlagern und Verkaufsläden in allen Städten der Union als unumgänglich notwendige, zum Gebäude gehörige Bestandteile betrachtet werden; nur durch ausgedehnte Verwendung vorzüglicher Aufzüge ist es möglich, viele den obigen Zwecken dienende Gebäude überhaupt in Stockwerken anzulegen.

Die Anlage von Personenaufzügen in größeren Gebäuden ist in Amerika nun auch schon von vornherein so gedacht, dass reichlicher Raum für die Manipulation vorhanden, dass der Aufzug in erster Linie für den Verkehr, die Treppen nur als Nebenkommunikation dienen.

Die großen Vorteile solcher Aufzüge für die Bequemlichkeit der das Gebäude besuchenden Personen und wieder die Rückwirkung auf die geschäftlichen Verhältnisse etc. sind naheliegend. Bei Verwendung von Lastenaufzügen lässt sich zudem ziffernmäßig der absolute Gewinn durch Ersparung an Arbeitslöhnen nachweisen.

Zu dieser ganz allgemeinen und weit verbreiteten Verwendung von Aufzügen in Amerika tragen jedoch mehrere außerordentliche Umstände wesentlich bei. Diese Umstände sind spezifisch amerikanisch, für unsere Verhältnisse nicht anpassbar, daher auch die Verwendung von Aufzügen bei uns, in gleicher Anordnung und Ausdehnung wie in Amerika, unmöglich ist, obschon unsere Verhältnisse, infolge der modernen großen Zinshäuser und der hohen Grundrente die Einführung von Personenaufzügen und Aufführung der Geschäftslokalitäten in Stockwerken dringend verlangen.

Die Ursachen der weiten Verbreitung der Aufzugsmaschinen in Amerika liegen nicht nur allein in dem Bestreben, die hohen Arbeitslöhne beim Transport von Waren etc. zu umgehen und nicht allein in dem Bedürfnisse nach Komfort, sondern auch darin, dass in Amerika für Aufstellung der Aufzüge an beliebigen Orten keine Schwierigkeiten existieren, dass in Amerika tatsächlich ökonomisch arbeitende, leicht zu bedienende Aufzüge überall verwendet werden können.

Der billige Betrieb der Aufzüge ist in erster Linie an die Verwendung der Dampfkraft, als billigste motorische Kraft, gebunden. Kein Gesetz in Amerika verbietet die Anlage von Dampfkesseln selbst in den Zentren der großen Städte, und es sind nun auch vielleicht mehr als 90 % der amerikanischen Aufzüge durch Dampfmaschinen betrieben. Die zum Betrieb der letzteren und in vielen Fällen auch zugleich für Heizungen etc. notwendigen Dampfkessel sind in den Souterrain-Lokalitäten, vielfach in den gewölbten Kellern, in größeren Städten jedoch überwiegend unter den gewölbten, mit Oberlichten versehenen Trottoirs angebracht.

Die Feuerungsanlagen und Schornsteine für Dampfkessel bereiten ebenfalls keine Schwierigkeiten, da diesfalls, wenigstens in den östlichen Staaten, gesetzliche Bestimmungen auch überflüssig wären, da durchgängig für die Kesselfeuerung Anthrazit, der völlig rauchlos verbrennt, verwendet wird. Für den Dampfauspuff wird irgendeine Schornsteinöffnung benutzt.

Durch die Möglichkeit, Dampfkraft zum Betrieb der Aufzüge überall benutzen zu können, ist die Verwendung anderer Motoren, wie Heißluftmaschinen, Gaskraftmaschinen, Petroleummaschinen etc. für diese Zwecke vollkommen ausgeschlossen und sind Dampfaufzüge überall in Verwendung und ist dadurch ein außerordentlich billiger, verlässlicher Betrieb ermöglicht.

Die Anordnung ist dabei fast ausschließlich derart getroffen, dass ein Mann gleichzeitig die Kesselheizung und Wartung der Antriebdampfmaschine besorgt, nebenbei vielleicht noch anderen Beschäftigungen obliegt, dass aber die Dampfmaschine ausschließlich nur vom Fahrstuhl aus und nicht vom Maschinenwärter gesteuert wird. Gewöhnlich hat ein Knabe die Aufgabe, im Inneren des Fahrstuhls, mit demselben auf- und abzufahren, in den einzelnen Stockwerken Personen aufzunehmen oder abzusetzen, die Verschlusstüren zu bedienen und durch ein Steuerseil die Aufzugsmaschine in Gang zu setzen oder abzustellen. Alle Aufzugsmaschinen für Personenaufzüge sind mit zahlreichen selbsttätig wirkenden Sicherheits-Vorrichtungen derart ausgerüstet, dass Unglücksfälle bei nachlässiger Bedienung der Maschine nicht eintreten können. Obwohl nun als Regel gelten kann, dass ein Aufzug, der stets unverständigen Leuten und Personen von geringer Intelligenz zur Bedienung anvertraut wird, umso weniger absolute Sicherheit im Betrieb darbieten wird, je komplizierter der Apparat ist, so gilt dies dennoch nicht von den scheinbar komplizierten Anordnungen einiger amerikanischer Aufzugsmaschinen, da hier in erster Linie auf große Sicherheit der beweglichen Teile gesehen wird und als Konstruktionsprinzip stets beobachtet ist, die einzelnen Sicherheits-Vorrichtungen untereinander nicht in direktem Zusammenhang wirken zu lassen, sondern die Wirksamkeit der einen Sicherheitsvorrichtung erst dann eintreten zu lassen, wenn die andere ihren

Dienst versagen sollte. Jede einzelne dieser Sicherheitsvorrichtungen ist jedoch einfach in ihrer Konstruktion, einfach und sicher in der Wirkung.

Alle größeren Personenaufzüge werden derart eingerichtet, dass die Betriebs-Dampfmaschine einen integrierenden Bestandteil des Aufzugs bildet, vom Fahrstuhl aus in Gang gesetzt und während des Stillstandes des Aufzugs abgestellt bleibt. Die Regulierung der Bewegung ist durch größere oder geringere Dampfdrosselung, ebenfalls vom Fahrstuhl aus, jederzeit möglich. Die Dampfzylinder der Antriebmaschine sind, da diese nur behufs Schmierung beaufsichtigt werden, stets mit selbsttätig wirkenden Kondensationswasser-Ableitern, die sowohl mit der Hauptdampfleitung, als auch mit jedem Dampfzylinder der Maschine in Verbindung stehen, versehen.

Transmissions-Aufzüge mit konstant laufenden Antriebmaschinen und auslösbaren Zwischentransmissionen sind als Personenaufzüge höchst selten und als Lastenaufzüge nur dort in Verwendung, wo, beispielsweise in Fabriken, eine konstant laufende Transmission, die anderen Zwecken dient, für die Zwecke des Aufzugs disponibel ist.

Durch eine Reihe von Sicherheitsvorrichtungen wird getrachtet, den Betrieb der Aufzüge zu einem absolut sicheren und gefahrlosen zu machen, und es sind diesfalls insbesondere in Verwendung: selbsttätig wirkende Bremsen, selbsttätige Abstellung der Betriebsmaschine, die gewöhnlichen Sicherheitsvorrichtungen gegen das Abstürzen des Fahrstuhls, außerdem noch Sicherheitsvorrichtungen gegen zu rasches Sinken des Fahrstuhls und gegen die Folgen von Brüchen an der Antriebsmaschine und den Förderseilen.

Die Konstruktionen der einzelnen Vorrichtungen sind im Nachfolgenden detailliert angegeben.

Großes Gewicht wird bei Ausführung von Personenaufzügen auf vollkommen ruhigen, geräusch- und stoßlosen Gang des Apparates gelegt, und es werden diesfalls eine Reihe darauf abzielender Konstruktionen an Betriebsmaschinen und Zwischentransmission ausgeführt, die im Folgenden speziell angegeben sind. Die Führungsrollen der Fahrstühle sind immer mit Kautschukringen überzogen.

Für Unterbringung der Aufzüge werden bei allen Gebäuden von vornherein geräumige Aufzugschächte freigelassen und die zur Aufnahme von 4 – 20 Personen bestimmten Fahrstühle mit großem Komfort ausgestattet.

Die Fahrstühle der Personenaufzüge sind meist aus Holz mit Eisenarmierung hergestellt; die Armierung wird gut verzinnt. An der Decke des Fahrstuhls ist gewöhnlich eine geschlossene Gaslampe angebracht. Die Gaszuführung wird durch einen in der halben Höhe des Aufzugsschachtes ausmündenden und auf die halbe Aufzugshöhe durchhängenden Kautschukschlauch besorgt. Von den einzelnen Stockwerken und von der Maschine führen Drahtleitungen direkt in den Fahrstuhl, die ebenfalls in der Mitte des Schachtes zugeführt werden und auf die halbe Länge durchhängen, so dass die elektrischen Signale zum Anhalten des Fahrstuhls etc. beliebig gegeben werden können. Die Fahrstühle von Personenaufzügen sind an drei Wänden vollkommen geschlossen, die vierte Wand ist durch eine Schiebetür mit Drahtgeflechten abgeschlossen, so dass bei Passierung der einzelnen Stockwerksabsätze keinerlei Unfälle vorkommen können.

Die Verschlusstüren in den einzelnen Stockwerksabsätzen sind ebenfalls Schiebetüren, die jedoch nur von innen, vom Fahrstuhl aus, wenn derselbe beim betreffenden Stockwerk anhält, geöffnet werden können. Als Verschlüsse dienen leicht einfallende Riegel. Personen, welche von den einzelnen Stockwerken nach abwärts befördert zu werden wünschen, geben das elektrische Signal, der Fahrstuhl wird durch den bedienenden Knaben nach dem entsprechenden Stockwerk geleitet, die Verschlusstür von innen geöffnet und nach Aufnahme der Person, vor Ingangsetzung der Betriebsmaschine wieder geschlossen. Diese Anordnung lässt an und für sich Unglücksfälle durch schlechte Schachtverschlüsse nicht leicht zu und sind Unglücksfälle auch deshalb äußerst selten, weil die Anlage der Aufzüge im Großen und Ganzen überall dieselbe ist, das Publikum daher an die angenommenen Einrichtungen gewöhnt ist.

Die Verwendung der Lastenaufzüge bietet im Allgemeinen weniger neue Gesichtspunkte, sondern nur einzelne bemerkenswerte Konstruktionsdetails, die bei den einzelnen Maschinen besonders angegeben sind.

Hydraulische Aufzüge sind wegen des außerordentlich bequemen und einfachen Betriebes und der vorzüglichen Regulierbarkeit, trotz der höheren Kosten des Betriebes, in Amerika mehrfach in Verwendung. Die ausgedehntere Verwendung derselben ist wieder dadurch sehr begünstigt, dass auch kleine Städte in den Vereinigten Staaten Nord-Amerikas mit Wasserwerken versehen sind, die Kosten des Betriebswassers niedriger sind, als bei uns, und dass die direkte Entnahme des Druckwassers aus den Hauptleitungen in vielen Städten ohne weiteres gestattet ist und daher der volle Druck des Wassers ausgenützt werden kann, so dass in den meisten Fällen nicht die Notwendigkeit vorliegt, Zwischen-Reservoirs anzulegen und, infolge des dadurch entstehenden Druckverlustes, größere hydraulische Maschinen und größeren Wasserverbrauch in den Kauf nehmen zu müssen. Die Steuerungsventile der hydraulischen Aufzüge sind durchgängig vollkommen entlastet und derart konstruiert, dass beim Öffnen und Schließen das Druckwasser nur allmählich und ohne Stoß ein- und ausströmen kann.

Von hydraulischen Aufzügen werden in Amerika in großem Maßstab nur direkt wirkende Plunger-Aufzüge und hydraulische Treibzylinder mit Flaschenzug-Übersetzung angewendet.

Der Nachteil hydraulischer Aufzüge, bei kleinen Förderlasten ebenso viel Wasser zu verbrauchen, als bei großen Lasten, wird teilweise durch die Anordnung nach William Armstrong der Kombination mehrerer Treibzylinder umgangen. Lane & Bodley in Cincinnati baut eine im Folgenden angegebene Konstruktion, welche auf bedeutend einfacherem und praktischem Wege dasselbe Ziel erreicht. Der Betrieb hydraulischer Aufzüge durch Druckpumpen und Akkumulatoren kommt nur höchst selten vor.

Der Betrieb durch Wassersäulenmaschinen, die eine rotierende Schwungradwelle antreiben, von welcher aus durch weitere Zwischen-Transmissionen die Windentrommel des Aufzugs angetrieben wird, wird sehr selten ausgeführt, obschon diese Methode entschiedene Vorteile gegenüber den direkt wirkenden hydraulischen Aufzügen darbietet, und bei den gegebenen amerikanischen Verhältnissen sogar den so weit verbreiteten Dampfaufzügen mit Erfolg entgegentreten könnte. Erst in neuester Zeit wurden Aufzüge mit Wassersäulenmaschinen-Antrieb ausgeführt und hierbei fast ausschließlich Konstruktionen verwendet, welche den Schmidschen Wassermotor zum Vorbild hatten.

Von europäischen Konstruktionen waren in der Maschinenhalle in Philadelphia ausgestellt: die schon seit der Wiener Weltausstellung bekannte, seither jedoch verbesserte, sinnreiche Aufzugswinde mit Sicherheitsvorrichtungen von Mégy in Paris, die ebenfalls in diesen Bericht aufgenommen ist, und außerdem Modelle und Zeichnungen von Dampfaufzügen mit Flaschenzug-Übersetzung von Chrétien in Paris, die jedoch bereits durch die Wiener und Pariser Ausstellung bekanntwurden.

Im Nachfolgenden sind die wichtigsten Konstruktionen von Aufzügen besprochen, wobei die Auswahl derart getroffen werden musste, dass die meist charakteristischen Konstruktionen möglichst vollständig vorgeführt sind. Die Besprechung kann sich hierbei nur im Allgemeinen auf die Konstruktion der Vorrichtung beziehen. Die speziellen Umstände, die weiter auf die Beurteilung eines Aufzugs Einfluss nehmen, die aber abhängig sind vom speziellen Zweck, von der Art des Betriebes etc., welche Faktoren bei jeder einzelnen Durchführung verschieden sind, mussten außer Berücksichtigung bleiben. Ebenso konnten aus gleichen Gründen nur wenige allgemeine Angaben über Preise und Betriebsresultate gemacht werden.

Die beigegebenen Zeichnungen bieten genügende Deutlichkeit und lassen eine ausführliche Beschreibung der einzelnen Mechanismen überflüssig erscheinen, daher im Text auch nur kurze Andeutungen gegeben sind.

Personen- und Lastenaufzüge waren auf der Ausstellung in Philadelphia in der hervorragendsten Weise vertreten durch die Firma **Otis Brothers & Co.** in New York, welche Firma sich schon seit Jahrzehnten mit dem Bau von Aufzügen befasst und durch ihre vollendet ausgeführten Konstruktionen sich einen bedeutenden Ruf zu verschaffen wusste.

Die verschiedenen Systeme der von der Firma Otis gebauten Aufzüge sind im Nachfolgenden skizziert; sämtliche beschriebene Aufzüge waren auch in der Maschinenhalle in Philadelphia ausgestellt.

Personenaufzug ›New-York Safety Pasenger Elevator‹ von Otis Brothers & Co.

Die charakteristischen Merkmale des Personenaufzugs von Otis *(Tafel 1)* liegen in der Art der direkten Verbindung der Antrieb-Dampfmaschine mit dem Fahrstuhl, in der eigentümlichen Anordnung der Sicherheitsvorrichtungen und den Vorrichtungen zur Erzielung eines ruhigen Ganges.

Die Antriebs-Dampfmaschine ist im Souterrain aufgestellt, und treibt durch Riemenübersetzung eine Seiltrommel, von welcher aus das Seil zum Fahrstuhl führt. Die Dampfmaschine samt allen Hilfsvorrichtungen kann vom bedienenden Maschinisten im Souterrain gehandhabt werden, wird jedoch in der Regel während des Betriebes ausschließlich durch einen Mann gesteuert, der im Fahrstuhl sich befindet und mit demselben auf- und abfährt, um in den einzelnen Stockwerken zu halten, Personen aufzunehmen oder abzusetzen. Zu diesem Zweck läuft ein endloses Seil *a* durch den Fahrstuhl, welches an beliebiger Stelle erfasst und durch welches die Antriebsmaschine an beliebiger Stelle umgesteuert, oder angehalten und festgebremst, oder wieder in Gang gesetzt werden kann. Alle Bewegungen können vom Fahrstuhl aus kontrolliert und nach Bedarf verzögert oder beschleunigt werden. Außerdem stellt der Aufzug sich selbsttätig ab, wenn der Fahrstuhl in seiner höchsten oder tiefsten Lage an die Knoten *a a* des Steuerseils stößt; die Antriebsmaschine selbst stellt sich ebenfalls nach Zurücklegung einer gewissen Anzahl Umdrehungen selbsttätig ab und bremst sich bei jedem Stillstand sofort fest.

Des Weiteren ist der Aufzug noch ausgerüstet mit Fangvorrichtungen am Fahrstuhl, mit einer Sicherheitstrommel *b*, mit Sicherheitsseilen etc.

Die Antriebsmaschine des Personenaufzugs von Otis ist auf *Tafel 1, Fig. 2 – 4* dargestellt. Sie besteht aus einer gekuppelten,

Fig. 1. Disposition eines Personen-Aufzuges.

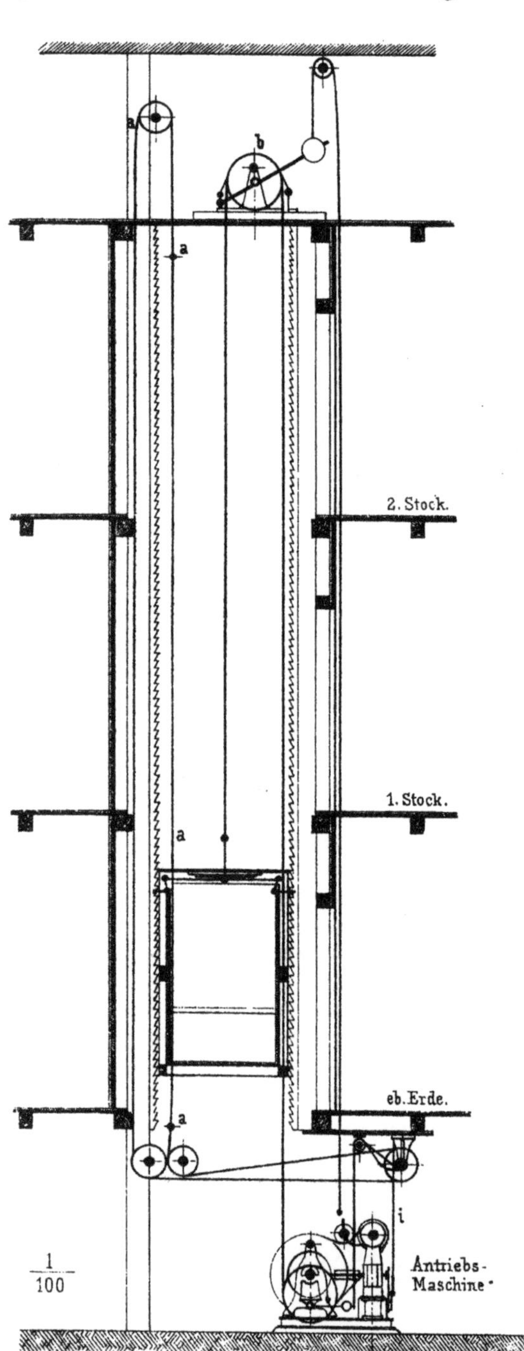

Fig. 6.

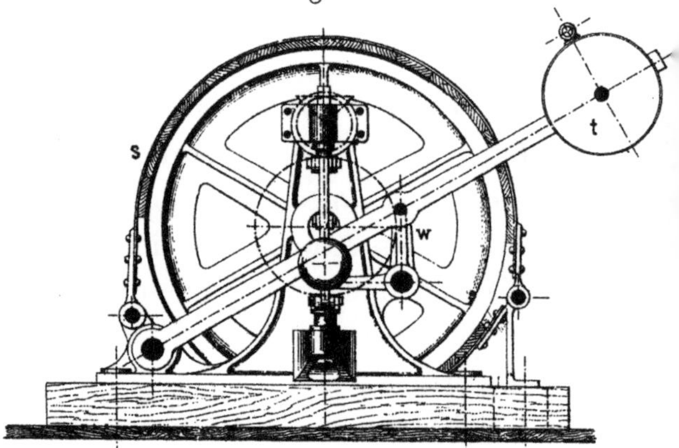

Fig. 7

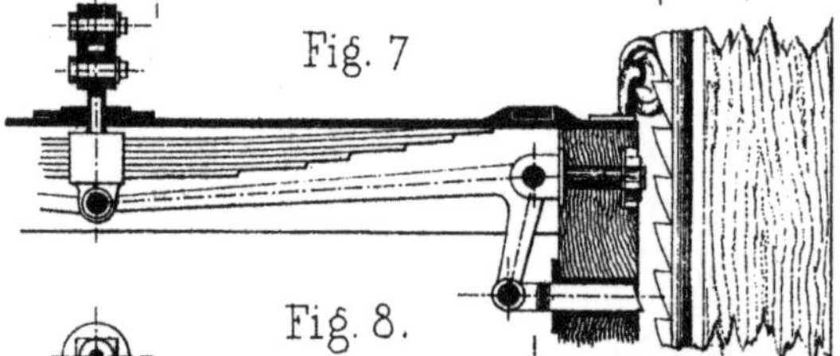

Fig. 8.

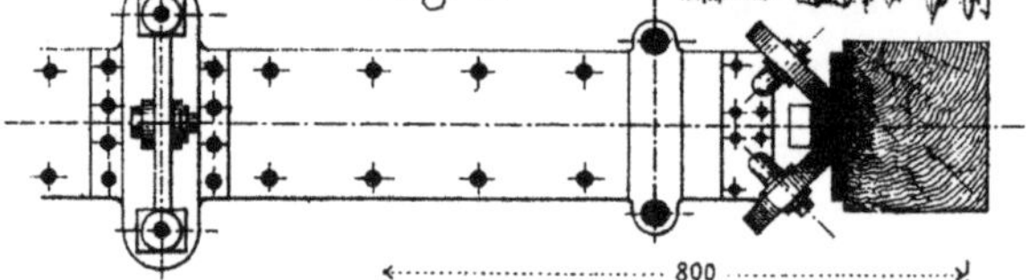

Fig. 2.

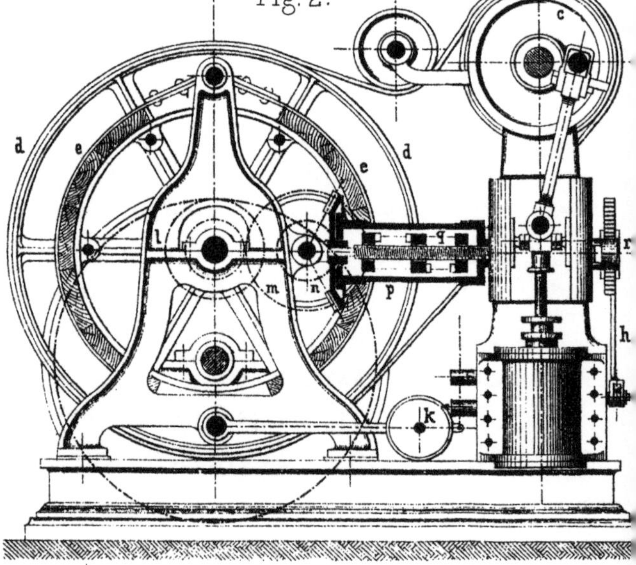

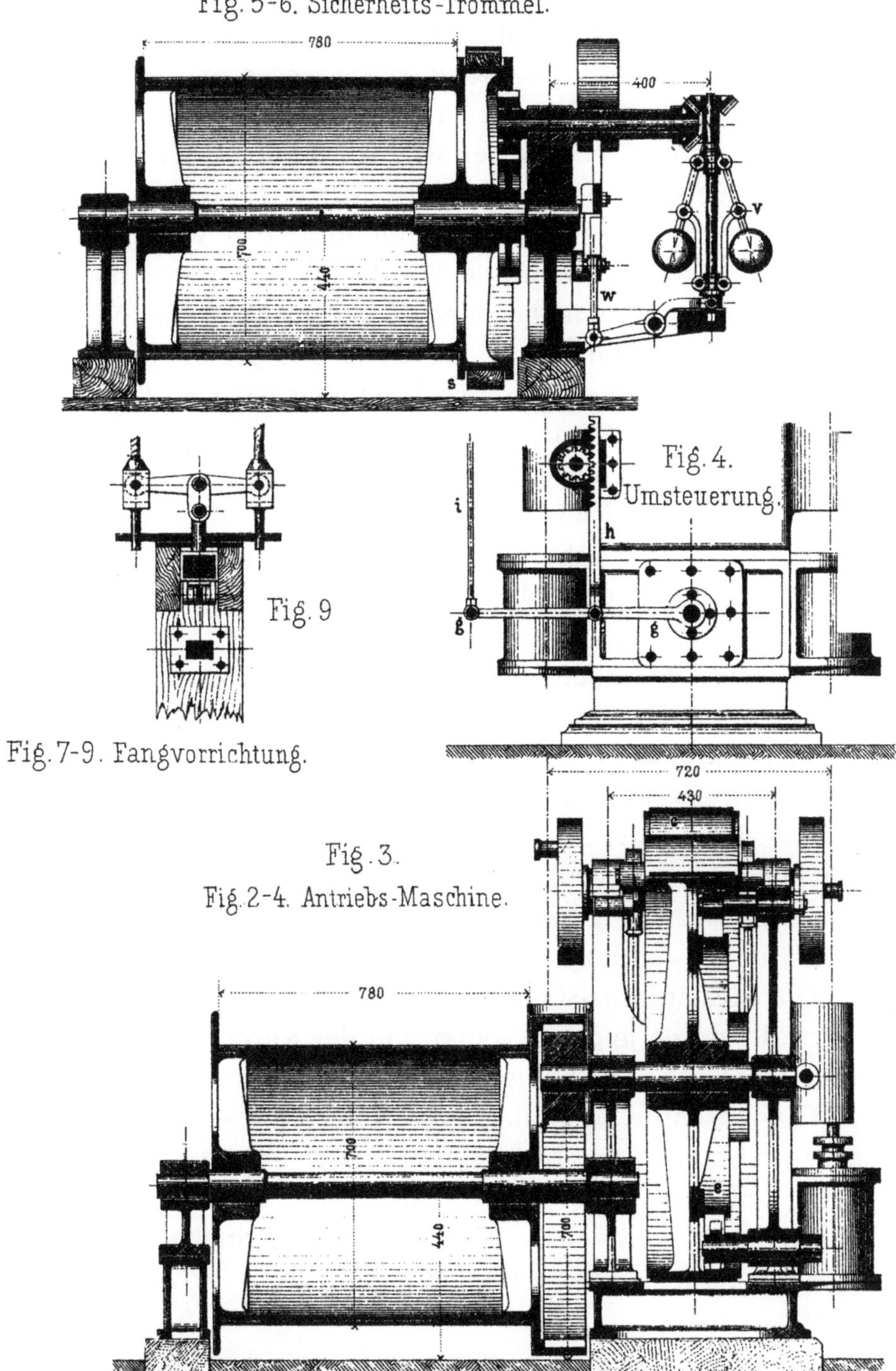
Fig. 5-6. Sicherheits-Trommel.
780
400
V
W
S
Fig. 9
Fig. 7-9. Fangvorrichtung.
Fig. 4.
Umsteuerung.
i
h
g
g
720
430
Fig. 3.
Fig. 2-4. Antriebs-Maschine.
780
440

vertikalen Zwillingsmaschine, die mit Kurbeln unter 90° eine Riemenscheibenwelle *c* antreibt, von welcher aus ein, durch Spannrollen gespannter breiter Riemen die Bewegung auf die Vorgelegeriemenscheibe *d* überträgt. Diese Riemenscheibe, an welcher zugleich die Bremse *e* befestigt ist, treibt dann in der ersichtlichen Weise die Seiltrommel des Aufzugs.

Diese Art der Bewegungsübertragung durch einen kurzen, breiten Riemen, dessen Spannung reguliert werden kann, hat sich vorzüglich bewährt, ist bei allen größeren Otis-Personenaufzügen in ausschließlicher Verwendung und gewährt den Vorteil eines stets ruhigen, geräuschlosen Ganges. Die Räderübersetzung von der Riemenscheibe *d* auf die Seiltrommelwelle ist in vielen Fällen ebenfalls derart ausgeführt, dass die Bewegung möglichst gleichförmig und ohne Stoß übertragen wird und sind hierfür sehr genau bearbeitete Zahnräder in Verwendung, und ist außerdem häufig ein doppelter, selbst dreifacher Rädereingriff verwendet, so dass das Getriebe *f* aus zwei bis drei nebeneinander gesteckten kleineren Zahnrädern besteht, die jedoch um ein Stück der Zahnteilung gegeneinander versetzt sind und in ein entsprechendes dreifaches Zahnrad der Trommelwelle eingreifen. Diese Anordnung wird, obschon sie die Kosten der Maschine wesentlich erhöht, bei allen neueren Personenaufzügen von Otis angewendet, nur sind, der einfacheren Bearbeitung wegen, dann meist außen verzahnte Zahnräder in Verwendung.

Die Antriebsdampfmaschine wird durch Kolbenschieber gesteuert, die durch je ein Exzenter von der Kurbelwelle angetrieben werden. Solche Schieber eignen sich für den Betrieb der Aufzugmaschine besonders, da dieselben vollkommen entlastet sind und beim Abwärtsfahren einer Last, wobei die Maschine teilweise unter Vakuum und Kompression läuft, nicht abgehoben werden können. Die Kolbenschieber sind durch selbstspannende Gusseisenringe gedichtet.

Die Umsteuerung der beiden Dampfmaschinen erfolgt durch einen entlasteten flachen Drehschieber *(Tafel 1. Fig. 8)*. Derselbe ist zwischen dem Schieberspiegel und dem Schieberkastendeckel eingeklemmt und dadurch entlastet; das Abheben desselben wird teils durch den Schieberkastendeckel verhindert, teils durch den Anschnitt *m* auf dem Rücken des Schiebers, wodurch ein Überdruck des Dampfes in der Richtung des Schieberspiegels gestattet ist. Der Schieberspiegel besitzt drei Dampfkanäle *a b a*, von denen die Kanäle *a* und *a* zu den beiden Dampfzylindern und der Kanal *b* zum Auspuff führt. Der Umsteuerungsschieber ist mit dem langen Kanal *c* und dem Dampfzuströmungskanal d, versehen, durch welchen letzteren, von *e* aus der Betriebsdampf zuströmt und je nach der Stellung des Umsteuerungsschiebers in den einen der beiden Kanäle *a* strömt, während der zweite mit dem Dampfauspuff in Verbindung steht. Durch Drehung des Schiebers in die gezeichnete Lage kann der Dampfabschluss, das ist der Stillstand der Maschine, durch Drehung in die entgegengesetzte Lage die Umsteuerung der Dampfmaschine bewirkt werden. Die Dampfkanäle *a a* sind derart zu den Schieberkästen der beiden Dampfzylinder geführt, dass bei einer Stellung des Umsteuerungsschiebers der Betriebsdampf über die Kolben der Verteilungsschieber, bei der zweiten Stellung zwischen dieselben tritt.

Die Spindel des Umsteuerungsschiebers ist außerhalb des Schieberkastens in Verbindung mit dem Hebel *g (Fig. 4)*, der wieder durch die Stange *h* mit der selbsttätigen Abstellvorrichtung der Dampfmaschine und durch die Stange *i* mit dem Steuerseil *a* und gleichzeitig mit der Bremse *e* der Antriebsmaschine in Verbindung steht *(s. Fig. 1)*. Die Anordnung ist dabei derart getroffen, dass bei horizontaler Stellung des Hebels *g*, welcher dem Dampfabschluss und Stillstand der Maschine entspricht, die Bremse *e* durch das Belastungsgewicht *k (Fig. 2)* fest angezogen wird.

Die Vorrichtung, mittelst welcher die Antriebsdampfmaschine sich selbsttätig, nach Zurücklegung einer der Hubhöhe des Aufzugs entsprechenden Anzahl Umdrehungen abstellt, besteht aus einer von der Windentrommelwelle, durch die Stirnräder *l* und *m (Tafel 1, Fig. 2)* und die Kegelräder *n* und *o* angetriebenen horizontalen Schraubenspindel, auf welcher die Trommel *p* mit zwei klauenartigen Anschlägen lose aufgesetzt ist, während die klauenartige Mutter *q* längs der Spindel, während der Drehung der letzteren fortschreitet, daher nach einer gewissen Anzahl Umdrehungen die Mutter *q*, bei ihrer äußersten Verschiebung nach rechts oder links, die Trommel *p* mitdreht und durch Vermittlung des Getriebes *r* und der Stange *h* den Umsteuerungsschieber auf die mittlere, dem Stillstand entsprechende Lage einstellt.

Durch diese genau adjustierbare Vorrichtung stellt die Dampfmaschine bei Ankunft des Fahrstuhls in der höchsten oder tiefsten Lage sich selbsttätig ab und außerdem wird infolge des früher angedeuteten Zusammenhanges die Bremse *e* festgezogen, so lange, bis durch einen Zug am Steuerseil *a* der Umsteuerungsschieber wieder verstellt, die Bremse gelöst und die Dampfmaschine wieder in Gang gesetzt wird. Außerdem ist das Steuerseil im untersten und obersten Stockwerk mit je einem (zweiteiligen, aufgeschraubten) Knoten *a a* versehen, gegen welchen der Fahrstuhl vor vollendetem Hub oben oder unten stößt, wodurch ebenfalls die Abstellung und Festbremsung der Dampfmaschine bewirkt wird. Die Knoten sind derart angebracht, dass sie in erster Linie auf die Dampfmaschine einwirken; erst dann, wenn diese Vorrichtung durch Abscheren der Knoten oder Reißen des Steuerseiles etc. versagt, welche Unfälle nicht selten eintreten, erst dann tritt der selbsttätige Abstellungsapparat *p q* in Funktion, der seine Dienste bei richtiger Adjustierung stets leisten wird.

Die Antriebsmaschinen der Aufzüge von Otis sind stets mit einem (in der Zeichnung nicht dargestellten) kleinen, auf eine Drosselklappe wirkenden Zentrifugalregulator ausgerüstet, der einen zu raschen Gang der – während des Antriebes nicht beaufsichtigten – Dampfmaschine verhindert.

Eine weitere Sicherheitsvorrichtung, mit welcher alle besseren und größeren Otis-Personenaufzüge ausgerüstet sind, ist die Sicherheitstrommel *b (Tafel 1, Fig. 1)*, welche über dem Aufzugsschacht gelagert ist und den Zweck hat, in gewissen Fällen von Seilbrüchen, den Fahrstuhl vor dem Abstürzen zu sichern und außerdem beim Niedergang des Fahrstuhls eine gewisse Maximalgeschwindigkeit nicht überschreiten zu lassen. Die Anordnung ist teils aus der Disposition *(Fig. 1)*, teils aus *Fig. 5 u. 6* und *Fig. 5 u. 6* ersichtlich.

Der Fahrstuhl hängt stets an zwei Drahtseilen, welche jedoch auf die Sicherheitstrommel fix aufgewickelt sind und nicht zur Windentrommel der Maschine führen. Die Verbindung zwischen der Sicherheitstrommel *b* und dem Windwerk ist durch ein oder zwei gesonderte – ebenfalls auf die Sicherheitstrommel aufgewickelte – Seile hergestellt.

Außerdem ist die Sicherheitstrommel mit einer kräftigen Bremse versehen, deren Band durch den Bremshebel *t* selbsttätig anzuziehen gesucht wird, daran jedoch durch den Stützhebel *w*, welcher das Gewicht *t* schwebend erhält, gehindert wird. Von der Welle der Sicherheitstrommel wird durch Räderübersetzungen ein Zentrifugalregulator *v* angetrieben, dessen Stellzeug mit dem Stützhebel *w* in Verbindung steht. Wenn daher durch irgendeinen Bruch an der Antriebsdampfmaschine das Förderseil lose wird, oder dieses letztere selbst an einer Stelle zwischen Sicherheitstrommel und Dampfmaschine reißt, so hängt der Fahrstuhl noch an dem früher erwähnten Doppelseil der Sicherheitstrommel, der Fahrstuhl sinkt nach abwärts, bis bei Erreichung der zulässigen Maximalgeschwindigkeit die

Kugeln des Regulators *v* so weit ausschlagen, dass der Stützhebel *w* das Gewicht *t* freilässt, die Bremse der Sicherheitstrommel festgezogen und der Fahrstuhl aufgehalten wird.

Bei größeren Personenaufzügen ist auf jeder Seite der Sicherheitstrommel eine selbsttätige Bremse mit zugehörigem Zentrifugalregulator angebracht.

Derartige Sicherheitstrommeln haben sich bei Seilbrüchen ausgezeichnet bewährt, und zwar in weit höherem Maße, als dies mit der sonst üblichen Sicherheitsvorrichtung der bloßen Verdoppelung der Förderseile möglich ist.

Durch diese Vorrichtungen ist der Fahrstuhl gegen die Folgen von allen Brüchen im eigentlichen Förderseil zwischen Sicherheitstrommel und Dampfmaschine oder Brüchen an der Fördermaschine selbst gesichert, während bei direkter Verbindung des Seiles am Fahrstuhl mit der Fördermaschine, die gewöhnlichen am Fahrstuhl angebrachten Fangvorrichtungen, bei einem Seilbruch nahe an der Maschine, in den meisten Fällen zwecklos sind, da die Federn der Fangvorrichtung wegen der großen zu beschleunigenden Masse des Seiles ihre Wirkung nicht äußern können.

Um Seilbrüchen an dem gesonderten Seil zwischen Fahrstuhl und Sicherheitstrommel zu begegnen, ist am Fahrstuhl eine gewöhnliche Fangvorrichtung mit Federn *(Tafel 1, Fig. 7 – 9)* angebracht, deren Fangarme sich in der gezahnten Führung festklemmen, wenn das Förderseil reißt oder lose wird. Gewöhnlich sind bei Personenaufzügen auf jeder Seite der Führung zwei Fangarme angebracht (in der Abbildung nicht gezeichnet).

Der Fahrstuhl hängt, wie früher erwähnt, an zwei Seilen, von denen jedes für die volle Last mit großer Sicherheit berechnet ist.

Die Verbindung der Seile mit dem Fahrstuhl erfolgt durch einen doppelarmigen Hebel; dadurch soll die Möglichkeit geboten sein, dass die Fangvorrichtung des Fahrstuhls, infolge des schiefen Zuges sich schon festklemmt, wenn auch nur eines der beiden Seile reißt.

Die Anordnung der Führungen ist aus den Zeichnungen ersichtlich. Außer den gusseisernen Führungen, welche zugleich die Zähne der Fangschienen enthalten, sind bei manchen Aufzügen auch einfache, hölzerne Backenführungen in Verwendung.

Die Ausbalancierung der Personenaufzüge von Otis erfolgt in den meisten Fällen derart, dass nahezu das ganze Gewicht des Fahrstuhls durch Gegengewichte ausgeglichen wird; in speziellen Fällen wird auch ein Teil der Förderlast ausbalanciert. Die Seile, welche zu den Gegengewichten führen (in der Figur nicht gezeichnet), sind dabei in der Regel einmal über die Sicherheitstrommel geschlungen. Das Niederlassen des leeren Fahrstuhls erfolgt durch die Maschine unter Dampfdruck, das Niederlassen einer Last unter Kompression; im Umsteuerungsschieber ist eine kleine Bohrung derart angebracht, dass etwas frischer Dampf in den Dampfzylinder behufs Schmierung gelangen kann.

Die Gegengewichte bestehen in den meisten Fällen aus flachen, gusseisernen Scheiben, die nahe an den Wänden des Fahrschachtes geführt sind; nur dann, wenn statt eines gemauerten Aufzugschachtes Führungssäulen angewendet werden, sind zylindrische Gegengewichte, die in die Höhlung der Säulen verlegt werden, üblich.

In neuester Zeit wurden die Otis-Personenaufzüge noch mit einer weiteren Sicherheitsvorrichtung ausgerüstet, welche es ermöglichen soll, den Fahrstuhl zum Stillstand zu bringen, wenn derselbe bei seinem Abwärtsgang in der Führung auf irgendein Hindernis stößt, wenn beispielsweise bei schlechten Schachtverschlüssen irgendwelche Gegenstände in den Schacht hineinragen, die ein momentanes Aufsitzen des Fahrstuhls und infolgedessen ein Loswerden des Förderseiles bewirken könnten. Zu diesem Zwecke ist die Sicherheitstrommel, oder aber eine für diesen Zweck besonders angebrachte Seiltrommel über dem Aufzugschacht in einem vertikalen Schlitzlager derart gelagert, dass durch ein angebrachtes Gegengewicht stets das Bestreben vorhanden ist, die letzterwähnte Seilscheibe vertikal in dem Schlitze nach aufwärts zu heben, was jedoch so lange unmöglich ist, als das Gewicht des Fahrstuhls und der Last das Seil gespannt und die Seilscheibe in dem Lager fest aufliegend erhalten. Wenn jedoch durch irgendein Hindernis der Fahrstuhl beim Abwärtsgange aufgehalten und das Förderseil lose wird, so wird auch die Seilscheibe durch das Gegengewicht aufgehoben und diese Bewegung durch eine besondere Hebelvorrichtung dazu benützt, die Antriebsdampfmaschine abzustellen und zugleich die Bremse der Sicherheitstrommel festzuziehen; in derselben Weise tritt auch die Abstellung der Dampfmaschine bei allfälligem Bruch des Förderseiles ein.

Der in den Zeichnungen *Tafel 1* dargestellte Aufzug ist für 3000 kg Maximallast berechnet, besitzt eine Dampfmaschine von 200 mm Zylinderdurchmesser, 250 mm Hub, welche mit 150 U/min läuft, was einer Geschwindigkeit des Fahrstuhls von ca. 0,7 m/s entspricht.

Personenaufzug ›Metropolitan-Elevator‹ von Otis Brothers & Co.

Außer den im Vorigen besprochenen Personenaufzügen, welche in erster Linie für Hotels, Großverkaufsläden, für öffentliche und Privatbauten und für ausschließlichen Personentransport bestimmt sind, baut die Firma Otis & Co. sogenannte ›Metropolitan Steam Safety Elevators‹, welche hauptsächlich für Magazine etc., für Personen- und Lastentransport bestimmt sind. Diese Aufzüge sind ähnlich konstruiert, wie die vorhin besprochenen Personenaufzüge, nur fehlt, je nach dem Zweck des Aufzugs, die eine oder die andere der selbsttätig wirkenden Sicherheitsvorrichtungen. Insbesondere werden Aufzüge, die vorwiegend für Lastentransport gehören, ohne Sicherheitstrommel, ohne selbsttätige Abstellvorrichtung an der Dampfmaschine und nur mit einfachen Förderseilen ausgeführt. Außerdem ist der Fahrstuhl offen und besteht nur aus einer Plattform, die durch Zugstangen mit den Traversen, an welche das Förderseil angreift und die Fangvorrichtung angebracht ist, verbunden ist.

Jede Ausstattung des Fahrstuhls entfällt. Die Führungen derartiger Aufzüge sind meist so angebracht, dass ein Führungsbalken an der Gebäudewand, der zweite jedoch diametral gegenüber angebracht ist, so dass zwei gegenüberstehende Ecken des Fahrstuhls für Auf-und Abladungen vollkommen frei gehalten sind.

Die beiden im Vorigen besprochenen Aufzüge von Otis sind mit Antrieb-Dampfmaschinen versehen, welche die Bewegung auf Windentrommeln durch Kiemen übertragen. In Fällen, wo besonders ruhiger Gang nicht ausdrücklich gewünscht wird, werden Aufzüge von Otis mit direkter Räderübersetzung von der Dampfmaschine zur Windentrommel, insbesondere für Lastenaufzüge, in manchen Fällen auch für Personenaufzüge ausgeführt. Die diesbezügliche Disposition ist in *Tafel 2, Fig. 7* dargestellt.

Die vertikalen Dampfzylinder treiben die unten gelagerte Kurbelwelle, von welcher aus durch doppeltes Rädervorgelege die Windentrommel angetrieben wird. Die weitere Ausrüstung der Dampfmaschine ist dieselbe, wie früher besprochen; *a* ist die Seilscheibe, über welche das Steuerseil geschlungen

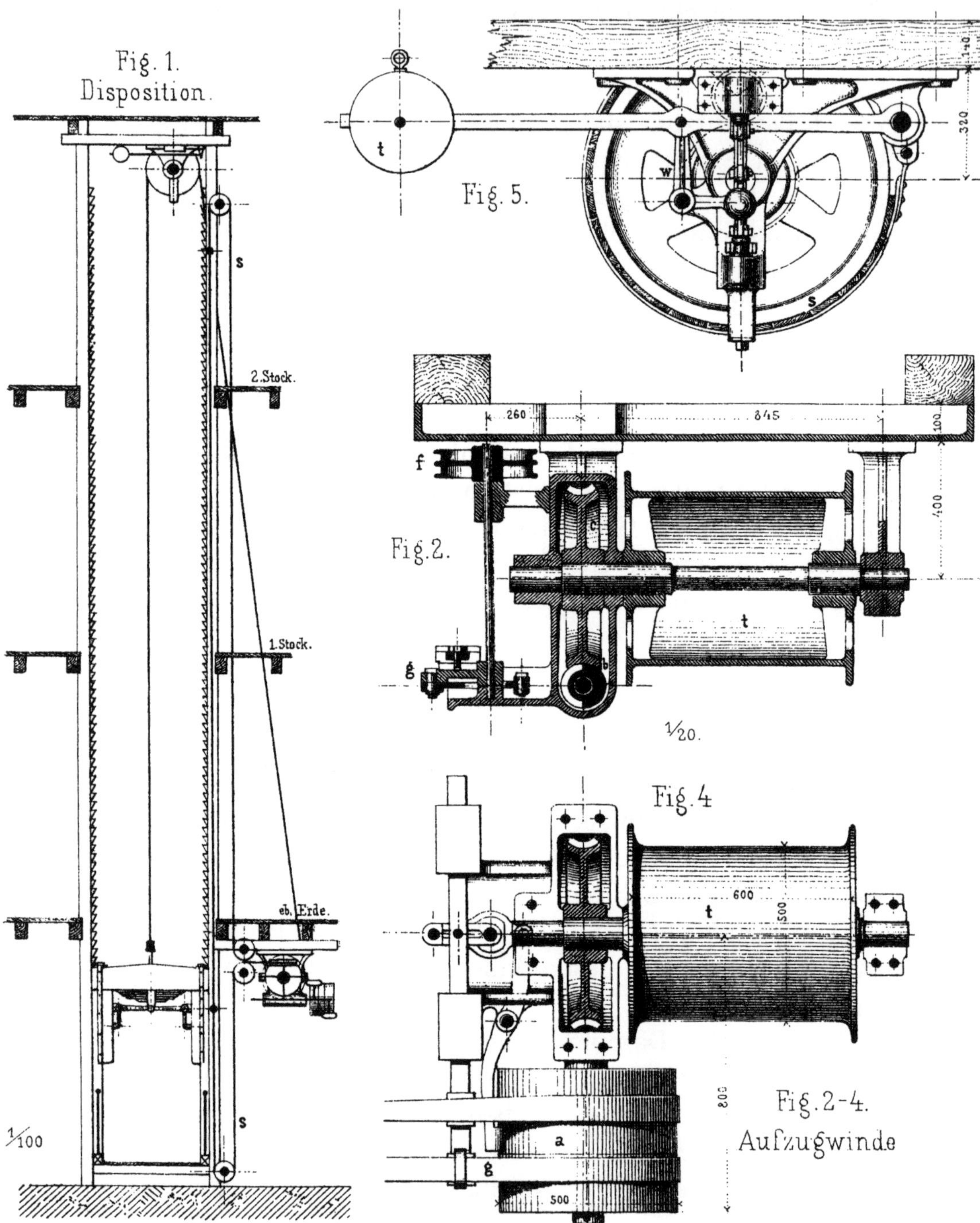
Fig. 1.
Disposition.
s
2. Stock.
1. Stock.
eb. Erde.
s
1/100
t
Fig. 5.
w
s
320
Fig. 2.
f
g
t
260
845
100
100
1/20.
Fig. 4
t
600
500
a
g
500
800
Fig. 2-4.
Aufzugwinde

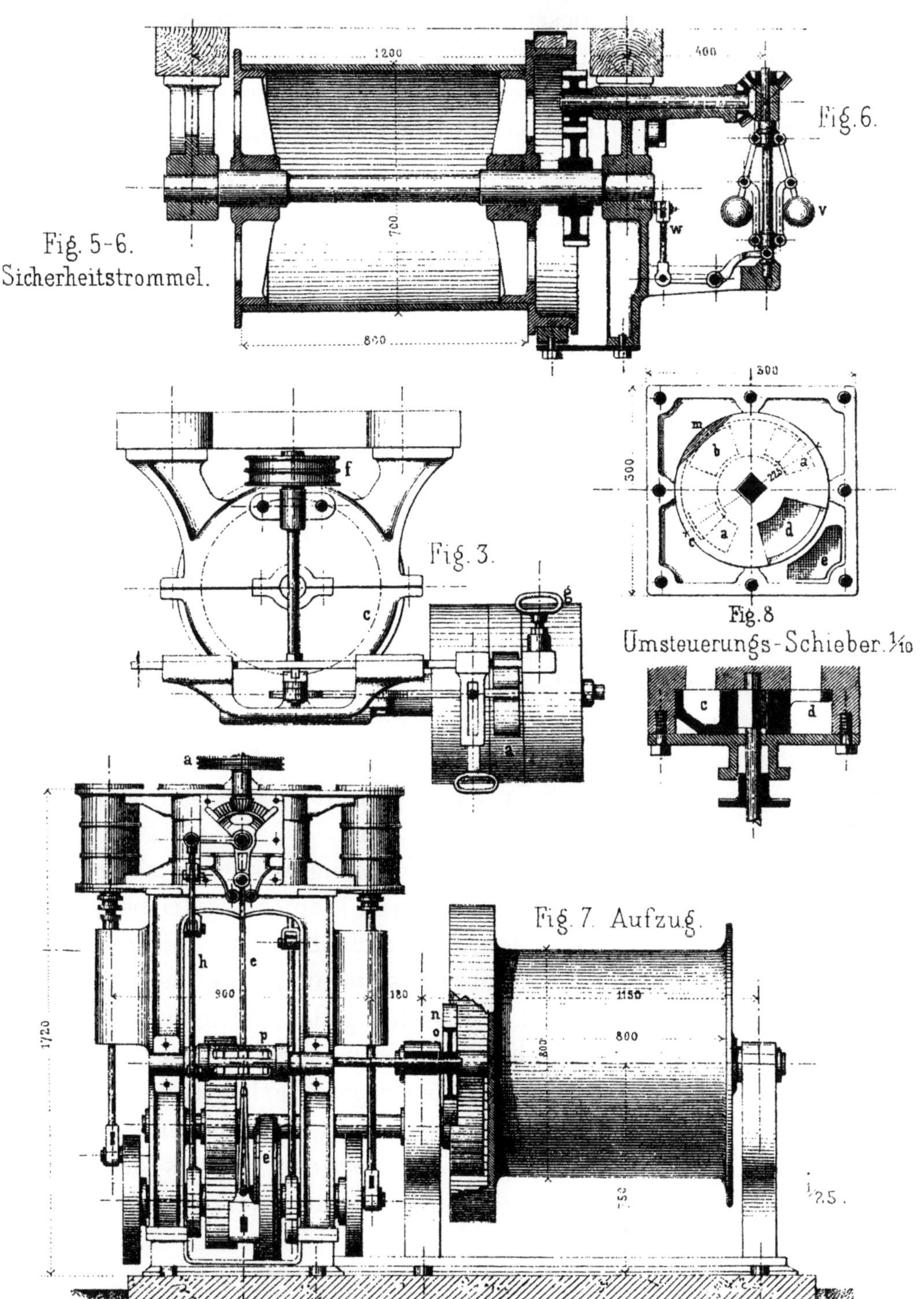
Fig. 6.
Fig. 5-6.
Sicherheitstrommel.
Fig. 3.
Fig. 8
Umsteuerungs-Schieber. 1/10
Fig. 7. Aufzug.

wird; durch Drehung dieser Scheibe kann der Umsteuerungsschieber verstellt und die Maschine beliebig abgestellt und angelassen werden; *p* ist wieder die selbsttätige Abstellvorrichtung der Dampfmaschine, welche durch die Stange *h* mit dem
Umsteuerungsschieber und durch das Band *e* mit der Bremse in Verbindung steht, welche beim Stillstand der Maschine
festgezogen wird.

Lastenaufzüge von Otis Brothers & Co.

Lastwinde mit Schneckenantrieb – Aufzüge, welche nur für
Lastentransport bestimmt sind, werden von der Firma Otis
Brothers & Co. so gebaut, wie die im Vorigen besprochenen
Aufzüge, nur mit Hinweglassung aller Sicherheitsvorrichtungen, ausgenommen der Fangvorrichtung, der Dampfmaschi-
nenbremse und des Steuerseiles. Der Fahrstuhl bleibt jedoch
direkt mit der Antriebsmaschine verbunden und läuft letztere nur während der Förderung. In Fällen jedoch, wo Aufzüge
in Gebäuden aufzustellen sind, in denen eine kontinuierlich
laufende Transmission für andere Zwecke bereits vorhanden
ist, werden ausschließlich Transmissionsaufzüge gebaut, von
denen ein Typus auf *Tafel 2* dargestellt ist.

Der in *Fig. 1–4* skizzierte Lastenaufzug wird von einer
Transmission durch offene und gekreuzte Riemen angetrieben,
durch welche bei entsprechender Verschiebung die mittlere
fixe Antriebscheibe *a (Fig. 4)* abwechselnd im einen oder anderen Sinn umgedreht wird. Die Drehung dieser Scheibe wird
auf eine Schraube ohne Ende *b* und durch das Schneckenrad *c*
direkt auf die Windentrommel *t* übertragen. Die Lagerung des
Windwerkes an der Decke des Erdgeschosses ist aus der Disposition *Fig. 1* ersichtlich. Zur Bedienung des Aufzugs läuft
wieder ein endloses Steuerseil *s* durch alle Stockwerke des Ge-

bäudes und ist über die Seilscheibe *f (Fig. 2 u. 3)* geschlungen. Durch Ziehen an dem Steuerseil kann der Riemenführer *g*, und dadurch der offene oder gekreuzte Riemen nach Belieben auf die volle oder lose Riemenscheibe verschoben, der Aufzug dadurch in beiden Richtungen in Gang gesetzt oder abgestellt werden. Eine Lastbremse ist wegen Anwendung des Schneckenrades an der Winde überflüssig. Zum sofortigen Festhalten des Windwerkes dient die auf die Fixscheibe *a* wirkende Backenbremse. Der Fahrstuhl ist wieder mit einer gewöhnlichen Fangvorrichtung ausgerüstet.

Lastwinde mit Räderantrieb – *Tafel 9, Fig. 1 u. 2* zeigt eine andere von Otis ausgeführte Konstruktion von Lastenaufzügen (›*Universal Elevator*‹), die hauptsächlich für Fabriken und Magazine bestimmt ist. Durch einen offenen und einen gekreuzten Riemen kann eine fixe Riemenscheibe *a* abwechselnd im einen oder anderen Sinn angetrieben werden (*b b* sind die losen Scheiben), und durch die aus der Zeichnung ersichtliche doppelte Räderübersetzung wird die Bewegung weiter auf die Windentrommel *t* übertragen. Die Ingangsetzung und Abstellung des Aufzugs erfolgt durch Manipulation mit dem Riemenführer, dessen Gabeln auf dem hölzernen Gleitstück *e* befestigt sind, welches letzteres durch ein Getriebe mit der Kettenrolle *d* in Verbindung steht. An dieser Rolle ist ein endloses, durch alle Stockwerke des Aufzugschachtes durchlaufendes Steuerseil *g* befestigt, so dass durch entsprechendes Ziehen an demselben der Riemenschieber verschoben, der offene oder gekreuzte Riemen auf die fixe Scheibe oder beide auf die lose Scheibe verschoben und der Aufzug in Gang gesetzt oder abgestellt werden kann.

Während der Verschiebung des Gleitbalkens *e*, und zwar bei der mittleren Stellung desselben, bewirkt der aus *Tafel 9, Fig. 2* ersichtliche Hebel *h* eine Bewegung des Gleitstückes *i*, wodurch bei der mittleren Lage des Riemenführers der Bremsbacken *k* an die mittlere fixe Riemenscheibe angedrückt und das Windwerk sofort festgebremst wird. Diese Bremse hat nur den Zweck, das Antriebswindwerk bei Abstellung des Aufzugs sofort zur Ruhe zu bringen und eine weitere Bewegung desselben in Folge der lebendigen Kraft zu verhindern.

Die eigentliche Lastbremse *s* ist gesondert auf der Antriebswelle angebracht. Die Bremsbänder stehen in Verbindung mit dem belasteten Hebel *m*, der stets das Bestreben hat, die Bremse festzuziehen, jedoch durch das Hebelwerk *n* schwebend und ausgelöst erhalten bleibt. Erst wenn die Hebel *n* bei der Verschiebung des Riemenführers *c* zurückgezogen wird, kann das Gewicht *m* die Lastbremse anziehen.

Die Auslösung der Stützhebel *n* kann jedoch auch durch den am Windrahmen angebrachten Zentrifugalregulator *v* bewirkt werden, dessen Stellzeug *o* mit den Stützhebeln *n* in Verbindung steht, so dass, wenn der Fahrstuhl beim Abwärtsgang eine bestimmte Geschwindigkeit überschreitet, der Regulator, bei einem gewissen Ausschlag der Kugeln, die Auslösung des Bremshebels *m* und Festziehung der Lastbremse bewirkt. Die Verbindung des Hebels *o* mit den Stützhebeln *n* ist selbstverständlich keine fixe, sondern eine indirekte (Übertragungsrollen), welche Verbindung jedoch in der Zeichnung nicht dargestellt ist.

Außerdem ist das Windwerk noch mit einer selbsttätigen Abstellvorrichtung versehen (in der Figur nicht dargestellt), darin bestehend, dass von der Welle der Seiltrommel eine Schraube bewegt wird, welche in ein kleines Schneckenrad eingreift, durch welches, nach Zurücklegung einer der Förderhöhe entsprechenden Anzahl Umdrehungen, eine Kuppelung ausgelöst und durch eine Stange der Riemenführer so bewegt wird, dass die Abstellung des Antriebes erfolgt.

Diese selbsttätige Abstellvorrichtung wirkt nach vollendetem Hub und löst den Antrieb aus, falls die Abstellung von Hand aus, durch das Steuerseil versäumt worden wäre.

Personen- und Lastenaufzüge von Otis sind in Amerika in allen größeren Städten der nordamerikanischen Union in so zahlreicher Verwendung, dass deren namentliche Aufführung nicht gut tunlich ist. Namentlich sind alle größeren Warenhäuser, Hotels und öffentlichen Gebäude in New York, Philadelphia, Chicago und anderen Städten überwiegend mit Aufzügen von Otis versehen.

Die auf *Tafel 2, Fig. 7* dargestellte Form der Otis-Aufzüge wurde auch mehrfach als Gichtaufzug für Hochöfen und als Fördermaschine für Gruben mit vorzüglichem Erfolg verwendet. (Riverside Iron Works, Wheeling, Pittsburgh, Sharon, New-Castle und Dunbar in Pennsylvanien, Kyle Coal Co. in Ohio etc.)

Personenaufzug von Stokes & Parish

Im Zentrum des Hauptgebäudes der Weltausstellung in Philadelphia war für die öffentliche Benutzung ein großer Personenaufzug von Stokes & Parish in Philadelphia ausgestellt, dessen Antriebsmaschine mit der Konstruktion von Otis viel Ähnlichkeit besitzt.

Die Aufzugmaschine ist in *Abb. 1* dargestellt und besteht aus einer auf Ständern gelagerten Zwillingsdampfmaschine, welche, durch Kurbeln unter 90°, eine Riemenscheibe und durch Vermittlung eines breiten Riemens, dessen Spannung durch eine Spannrolle reguliert werden kann, die Vorgelegeriemenscheibe und durch die ersichtliche Räderübersetzung die Windentrommel antreibt.

Die Zahnräder sind behufs Erlangung eines ruhigen Ganges doppelt und mit versetzter Teilung ausgeführt.

Die Maschinenbremse sitzt auf der Vorgelegewelle. Die Steuerung der Maschine erfolgt wieder durch ein endloses, durch den ganzen Aufzugschacht und den Fahrstuhl durchlaufendes Steuerseil, mit Hilfe dessen der Umsteuerungsschieber der Dampfmaschine beliebig verstellt, die Dampfmaschine angelassen, umgesteuert oder abgestellt und in letzterem Falle auch zugleich die Bremse angezogen werden kann.

Von der Windentrommel führen zwei Seile zu dem, mit gewöhnlichen Fangvorrichtungen versehenen Fahrstuhl und zwei gesonderte Seile zu den flachen Gegengewichten.

Der Aufzug war während der Dauer der Weltausstellung im kontinuierlichen Betrieb und arbeitete außerordentlich ruhig

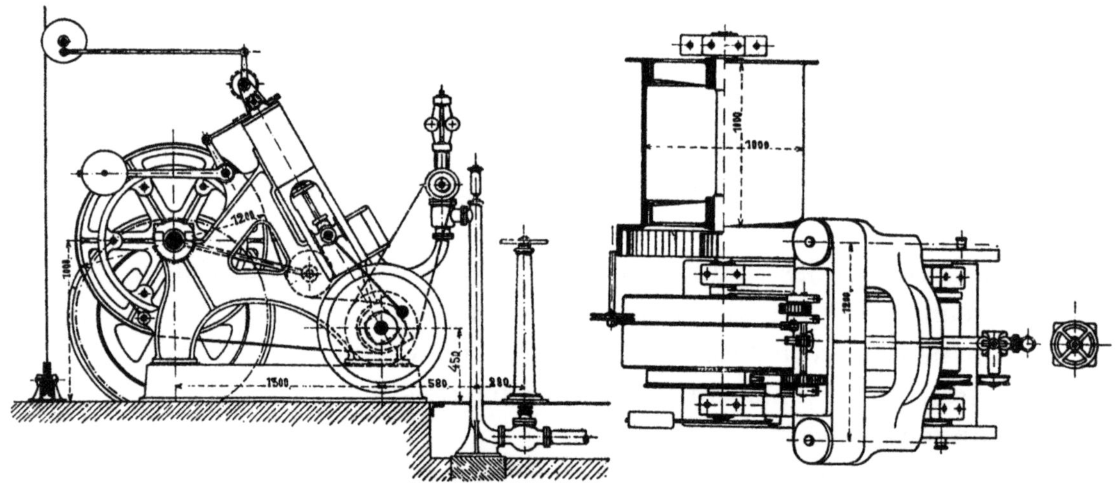

Abb. 1. Personenaufzug von Stokes & Parish.

Personenaufzug von Andrews in New York

Wm. D. Andrews & Brothers in New York stellten im ›hydraulischen Annex‹ der Maschinenhalle in Philadelphia einen kompletten, vorzüglich gebauten Personenaufzug aus, der in einiger Hinsicht interessante Details bot.

Das Windwerk des Aufzugs wird angetrieben durch eine oszillierende Zwillingsmaschine mit Kurbeln unter 90°, umsteuerbar durch einen entlasteten Kolbenschieber; von der Kurbelwelle aus wird die Bewegung durch einen Differential-Rädermechanismus auf die Seilscheibe des Aufzugs übertragen. Das Seil des Fahrstuhls ist über die Seilscheibe geschlungen, welch letztere mit Kautschuk gefüttert ist; das Seil drückt sich in diese elastische Unterlage bedeutend ein und verursacht so große Reibung, dass ein Gleiten des Förderseiles nicht eintreten kann. Bremse ist an der Maschine keine vorhanden, da der Differential-Rädermechanismus derart konstruiert ist, dass eine selbsttätige Drehung der Räder nach rückwärts, ohne dass die Antriebmaschine umgesteuert wird, nicht möglich ist. Aus diesem Grund wird daher auch bei irgendeinem Bruch an der Antriebmaschine kein Herabstürzen des Fahrstuhls eintreten. Der Fahrstuhl ist mit einer Fangvorrichtung ausgerüstet, welche derart wirkt, dass beim Reißen des Förderseiles Friktionskeile durch das Gewicht des abwärtsgehenden Fahrstuhls zwischen die Führungen geklemmt werden.

Die von derselben Firma in der Maschinenhalle in Philadelphia ausgestellt gewesenen Dampfwinden mit Friktionsräder-Antrieb sind *Seite 89* beschrieben.

Lastenaufzug von Volney W. Mason & Co.

Die Firma Volney W. Mason & Co. in Providence (Rhode-Island) stellte in der Maschinenhalle in Philadelphia einen kompletten Lastenaufzug mit Transmissionsbetrieb aus, der sich durch Verwendung von Friktionskuppelungen zur Vermittlung der Umsteuerung, sowie durch mehrere Hilfsvorrichtungen auszeichnete.

Die Konstruktion des Aufzugs ist auf *Tafel 3, Fig. 1 − 4* veranschaulicht. Das Windwerk des Aufzugs ruht auf zwei vertikalen, gusseisernen Ständern, die an die Decke geschraubt und untereinander durch Distanzbolzen gestützt sind. Der Antrieb der Windentrommel erfolgt durch ein Schneckenrad s und Schnecke t; letztere ist auf einer horizontalen Welle aufgekeilt, auf deren Enden die beiden Riemenscheiben aa lose aufgesteckt sind. Über eine der beiden Riemenscheiben läuft ein offener, über die andere ein gekreuzter Riemen; durch Verschiebung der aufgekeilten Muffenstücke c können die Backen bb an die innere Seite der zugehörigen Riemenscheiben angepresst und dadurch die Antriebschnecke mit der einen oder anderen Riemenscheibe gekuppelt, beziehungsweise dieselbe im einen oder im anderen Sinne umgedreht werden.

Die Konstruktion der Friktionskuppelungen an den Riemenscheiben ist unverändert dieselbe, wie sie Mason auch auf der Wiener Weltausstellung 1873 zur Ausstellung brachte. Das Aus- und Einrücken der Kupplungsmuffen erfolgt durch die geführte Stange dd, die in der Mitte mit einem nach aufwärts ragenden Scherenstück f versehen ist *(Fig. 1 u. 3)*, in welchem ein Gleitstück e gleitet, welches letzteres durch einen exzentrischen Daumen durch die Welle g verschoben werden kann. Die mittlere vertikale Stellung des exzentrischen Daumens entspricht dem Leergang beider Riemenscheiben.

Auf die Welle *g* ist die Seilscheibe *m* aufgekeilt, über welche ein endloses Steuerseil geführt ist, das durch alle Stockwerke hindurchläuft und vom Fahrstuhl aus an jeder Stelle erfasst werden kann, so dass durch Ziehen an diesem Steuerseil in beliebiger Weise die Drehung der Welle *g* und dadurch die Einrückung der einen oder der anderen Friktionskuppelung bewirkt werden kann. Außer dieser Handumsteuerung ist der Aufzug noch mit selbsttätiger Umsteuerung versehen, die für eine bestimmte Förderhöhe einstellbar ist und die den Antriebsmechanismus nach vollendetem Hub abstellt.

Zu diesem Zweck trägt die nach außen verlängerte Seiltrommelwelle ein Stirnrad *o*, eingreifend in das lose laufende Stirnrad *k*, an welches eine mit Spiralnuten versehene Scheibe *l* angeschraubt ist. Die Anzahl der Spiralwindungen entspricht der für eine bestimmte Förderhöhe notwendigen Anzahl der Umdrehungen der Seiltrommel; in die Spiralnut ist an entsprechender Stelle ein Anschlagstift *w* eingeschraubt, ein zweiter Stift *n* gleitet in der Spiralnut und ist in einem Schlitz der Scheibe *l* geführt, während ein dritter ebenfalls beweglicher Stift *o* in der Scheibe *m* befestigt und in einem horizontalen Schlitz geführt ist. In Folge dieser Anordnung werden bei richtiger Stellung die beiden Stifte *n* und *o* in den Spiralnuten gleiten und sich gegen den äußeren Umfang der Scheibe verschieben, bis bei vollendetem Hub der Stift *w* oder *n* an *o* anstösst und dadurch die Scheibe *m* zwingt, eine Drehung auszuführen, in Folge deren, in der früher angedeuteten Weise, die Auslösung der Friktionskuppelungen erfolgt.

Damit nach erfolgter Auslösung der tatsächliche Stillstand des Antriebsmechanismus eintritt, ist die Antriebschnecke *t* mit einer Backenbremse *i* ausgerüstet, die von einer kurzen Excenterstange erfasst und dann angezogen wird, wenn durch die Welle *g* die Auslösung des Antriebes bewirkt wurde. Diese Backenbremse dient wieder nicht als Lastbremse, sondern als

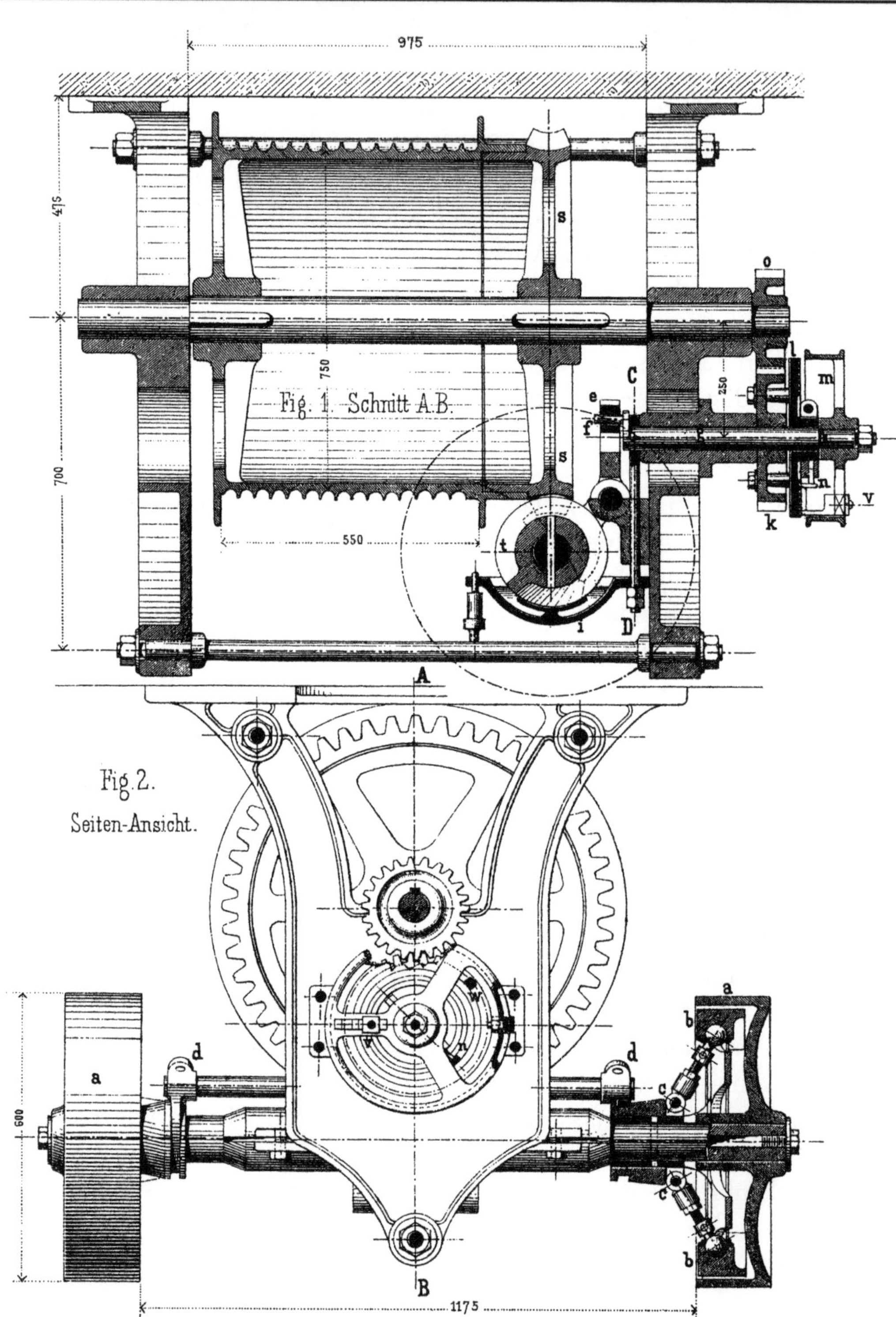
975
475
700
750
550
250
Fig. 1. Schnitt A.B.
o
m
C
e
f
s
s
n
v
k
t
i
D
A
Fig. 2.
Seiten-Ansicht.
a
d
d
a
b
c
c
b
B
600
1175

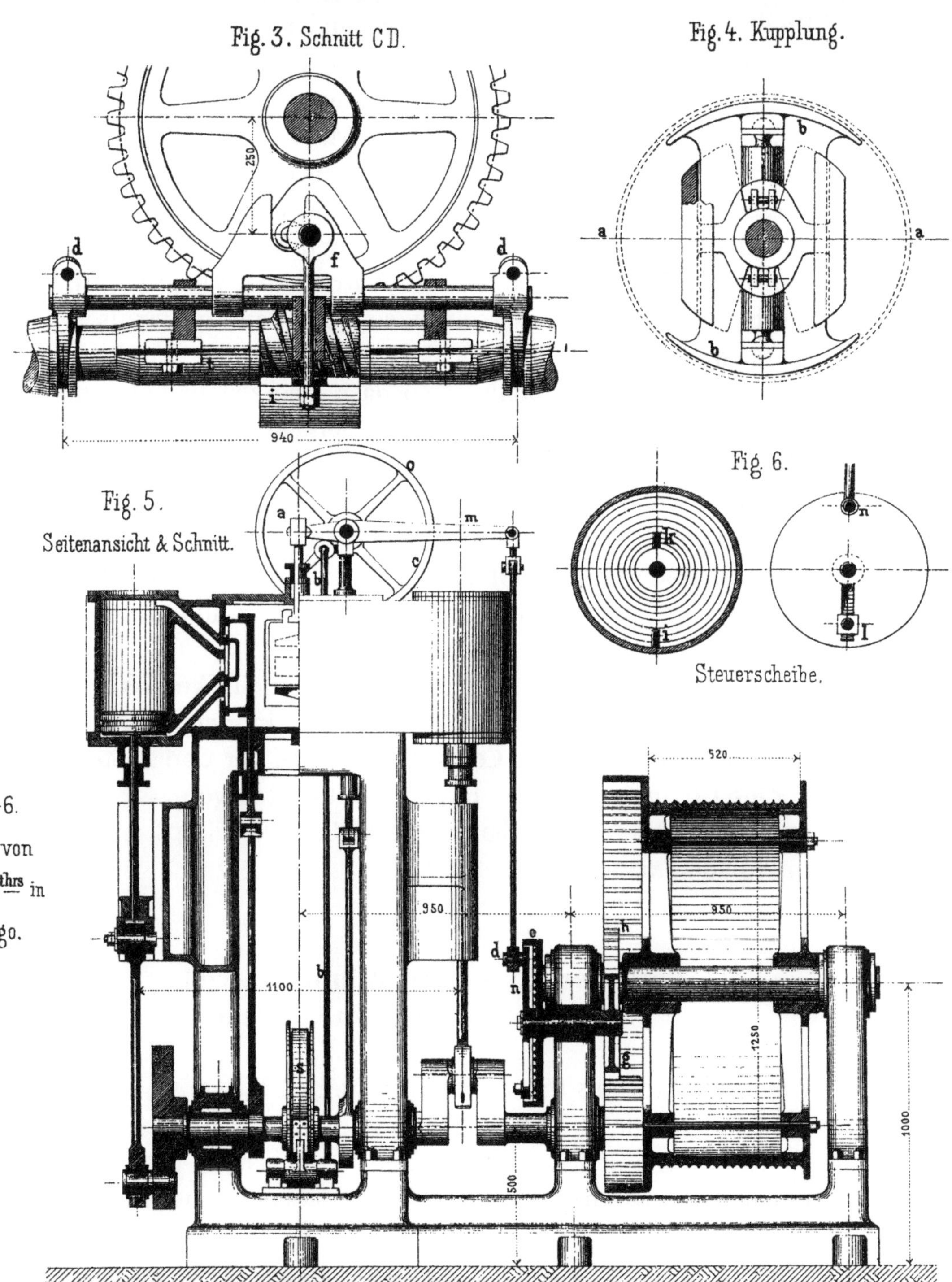
Fig. 3. Schnitt CD.
Fig. 4. Kupplung.
Fig. 5.
Seitenansicht & Schnitt.
Fig. 6.
Steuerscheibe.
Fig. 5-6.
Aufzug von
Crane B^thrs in
Chicago.
940
1100
950
950
520
1250
1000
500
250

Bremse, um den Einfluss der lebendigen Kraft auf eine weitere Bewegung des Windwerkes zu verhüten. Der Bremsbacken ist zugleich in Verbindung mit dem Behälter für das Schmieröl.

Die Vorteile der Konstruktion von Mason liegen in der Verwendung kräftiger Friktionskuppelungen, die rasch und sicher wirken, auf beiden Seiten des Aufzugs angebracht sind, so dass die Riemenspannungen sich ausgleichen; in der Einfachheit und leichten Zugänglichkeit des Antriebsmechanismus und raschen Abstellbarkeit desselben, sowie in Raumersparnis.

Die verwendeten Friktionskuppelungen sind durch die Druckarme leicht verstellbar, so dass jederzeit in Folge der verwendeten Kniehebelkonstruktion genügende Pressung und Reibung an den Backen erzielt wird.

Riemenscheiben mit Friktionskuppelung, wie in der Zeichnung dargestellt, bilden ein spezielles Fabrikat der Firma Mason & Co. und wurden vielfach als lösbare Transmissionskupplungen bis zu mehr als hundert PS in Amerika und in Europa ausgeführt.

Aufzüge von Mason sind unter anderem in Amerika mit ausgezeichnetem Erfolg in Verwendung in den Werkstätten der American Screw Co. in Providence, der Corliss Steam Engine Co. in Providence, in den Werkstätten von Mrss. Gramer & Co., New York, William Sellers & Co., Will. Simpson & Son in Philadelphia etc.

Personenaufzug mit Riemenantrieb
von Crane Brothers in Chicago

Die Crane Brothers Manufacturing Co. in Chicago war in der Maschinenhalle in Philadelphia durch einen kompletten Personenaufzug mit Riemenbetrieb samt Fahrstuhl und durch einen zweizylindrigen, direkt angetriebenen Lastenaufzug vertreten. Außerdem befasst sich die Firma mit dem Bau von hydraulischen Aufzügen.

Die Personenaufzüge von Crane haben im Großen und Ganzen viel Ähnlichkeit mit den bereits besprochenen Personenaufzügen von Otis, so dass an dieser Stelle ein kurzer Hinweis auf die abweichenden Details genügt. Das Prinzipielle der Anordnung ist aus *Abb. 2* ersichtlich. Eine zweizylindrige Dampfmaschine treibt durch Kurbeln unter 90° die Antriebs-

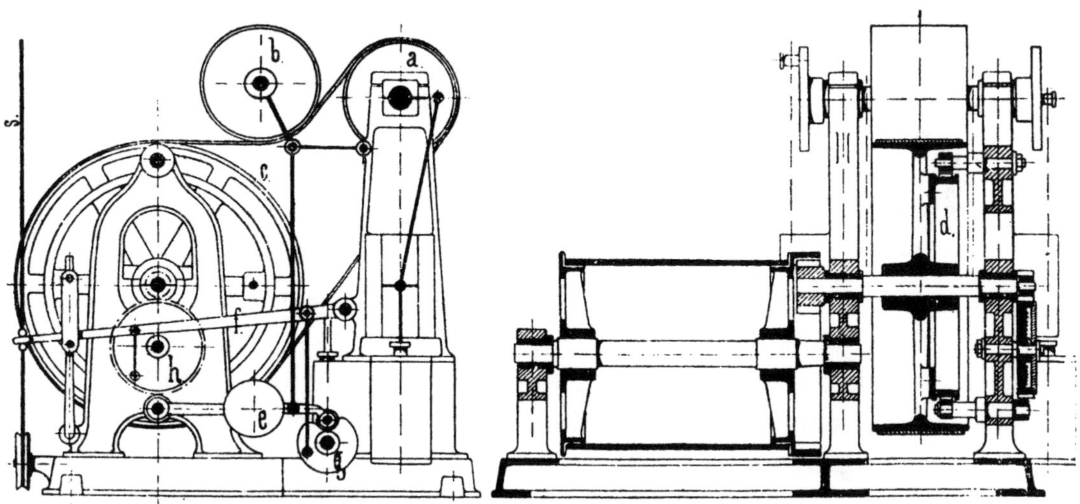

riemenscheibe *a*, von welcher aus durch einen breiten Riemen, durch die Spannrolle *b* die Riemenscheibe *c*, die Vorgelegewelle und durch Räderübersetzungen die Fördertrommel bewegt wird. Die Dampfzylinder werden durch Muschelschieber mit Doppelkanälen gesteuert und die Umsteuerung der Maschine erfolgt durch einen dritten Schieber *(s. Tafel 3, Fig. 5 u. 6)*.

Als Sicherheitsvorrichtungen sind an der Antriebsmaschine angebracht eine Bandbremse *d*, die auf der Riemenscheibe *c* befestigt ist und durch ein Belastungsgewicht *e* selbsttätig angezogen wird.

Um die Bremse in einem beliebigen Moment festziehen zu können, dient das endlose Steuerseil *s*, durch welches der Hebel

Abb. 2.

f nach aufwärts gezogen werden kann. Das rückwärtige Ende des Hebels steht in Verbindung mit dem Umsteuerungsschieber der Dampfmaschine, während andererseits durch eine kurze Zugstange die Scheibe *g* erfasst wird, die einen segmentförmigen Ausschnitt trägt, in welchem das Ende des Bremsenhebels mit einer Rolle gleitet. In der mittleren Stellung des Hebels *f,* welche dem Stillstand der Antriebsdampfmaschine entspricht, ist das Segment der Scheibe *g* derart gestellt, dass der Bremshebel frei spielen und das Belastungsgewicht *e* die Bremse anziehen kann, während in den geneigten Lagen des Hebels *f,* die Umsteuerung der Dampfmaschine und zugleich das Lüften der Bremse bewirkt wird. Gleichzeitig besteht eine Verbindung zwischen der Scheibe *g* und der Spannrolle derart, dass nach Anziehen der Bremse und erfolgter Abstellung der Dampfmaschine, auch die Spannrolle *b* gelüftet und infolgedessen der Antriebsmechanismus sehr rasch zum vollständigen Stillstand gebracht werden kann.

Alle diese Bewegungen werden durch einen Zug am Steuerseil eingeleitet. Außerdem stellt die Maschine sich auch selbsttätig ab und bremst sich fest, wenn der Fahrstuhl entweder ganz oben oder unten angelangt ist. Zu diesem Zweck wird von der Welle der Riemenscheibe *c* aus, durch ein kleines Stirnrad eine mit Spiralnuten versehene Scheibe *h* angetrieben, an welcher Vorrichtungen angebracht sind, die mit dem *Seite 45* besprochenen Apparat von Crane identisch sind und wodurch bewirkt wird, dass, nachdem die Windentrommel eine bestimmte Anzahl Umdrehungen zurückgelegt, der Hebel *f* gehoben, respektive herabgezogen und die Dampfmaschine abgestellt und das Windwerk festgebremst wird.

Der zu dieser Aufzugmaschine gehörige Fahrstuhl bietet prinzipiell nichts Neues, die Führungsbalken sind diametral gegenüberliegend angebracht; als Fangvorrichtungen dienen gezahnte Backen, welche in gezahnte Schienen an den Leitbalken eingreifen und durch Federn bei allfälligen Seilbrüchen angepresst werden.

Der Fahrstuhl hängt an zwei Förderseilen, welche zur Windentrommel führen, wobei das eine Seil nur zur Sicherung angebracht ist.

Außerdem war in der Maschinenhalle das Modell einer Konstruktion ausgestellt, welche zur Ausführung für einen großen Personenaufzug bestimmt ist, bei welchem außer der Fangvorrichtung, welche erst dann wirkt, wenn das Seil reißt, noch ein Zentrifugalregulator angebracht ist, der das Überschreiten einer gewissen Maximalgeschwindigkeit beim Abwärtsgange des Fahrstuhls unmöglich machen soll.

Die Anordnung ist derart getroffen, dass ein dünnes, straff gespanntes Seil die ganze Höhe des Aufzugs durchläuft und über dem Fahrstuhl über eine kleine Antriebsrolle geschlungen ist, von welcher aus durch Räderübersetzung ein Zentrifugalregulator in rasche Umdrehung versetzt wird; wenn die Geschwindigkeit beim Auswärtsgange, mithin der Ausschlag der Regulatorkugeln ein gewisses Maß überschreitet, so löst das Regulatorstellzeug die Druckfeder der Fangvorrichtung aus, die Fangbacken fallen in die verzahnten Fangschienen ein und verhindern die weitere Bewegung des Fahrstuhls. In neuester Zeit wurde von Crane ein mit ähnlichen Sicherheitsvorrichtungen versehener Personenaufzug gebaut, bei welchem jedoch die Kraftübertragung von der Dampfmaschine nicht durch Riemen, sondern durch Friktionsräder aus Papier stattfindet. Betriebsresultate liegen jedoch hierüber noch nicht vor.

Außer diesem im Vorigen skizzierten Personenaufzug war durch dieselbe Firma noch eine weitere Konstruktion von Personenaufzügen ausgestellt, die jedoch nur in einigen Details von der vorigen abwich. Der Antrieb des Windwerkes erfolgte ebenfalls durch einen breiten Riemen vermittelst Spannrollen, die Zylinder der Antriebsmaschine befanden sich jedoch oben, die Kurbelscheibe unten und die angetriebene große Riemenscheibe vermittelte die Bewegungsübertragung auf die Windentrommel durch eine Schraube ohne Ende und Schneckenrad. Von der Windtrommel führten vier Förderseile zum Fahrstuhl, ein fünftes Seil war in Verbindung mit dem Gegengewicht. Die Sicherheitsvorrichtungen dieses Aufzugs waren prinzipiell mit den vorigen identisch.

Personenaufzüge von Crane stehen, was Genauigkeit der Ausführung betrifft, hinter den Aufzügen von Otis zurück, sind jedoch in den westlichen Städten Chicago, St. Louis dominierend vertreten, u. a. durch sechs große Aufzüge in den Warenlagern Field Leiter & Co. in Chicago, sechs Aufzüge in Mc. Cormick Buildings, drei Aufzüge in den Gebäuden der Singer Manufacturing Co., drei Aufzüge in den Warenlagern von Rosenfeld & Rosenberg, drei Aufzüge in den S. B. Cobb Buildings etc.

Lastenaufzug mit Räderantrieb von Crane Brothers in Chicago

Lastenaufzüge für Magazine etc. werden von Crane in ganz gleicher Weise, wie Personenaufzüge, nur mit Wegfall der mehrfachen Sicherheitsvorrichtungen ausgeführt, und besitzen derartige Aufzüge nur eine einfache Bremse, selbsttätige Abstellung der Maschine und einfache Fangvorrichtungen am Fahrstuhl. Zwei Typen von Lastenaufzügen für Gichtaufzüge und für Fördermaschinen sind jedoch für besondere Zwecke konstruiert.

Der erstere Typus für Gichtaufzüge ist auf *Tafel 3, Fig. 5 u. 6* skizziert. Die Maschine besteht aus einem hohlen Fundamentrahmen, der die Ständer der Dampfmaschine und der Windentrommel trägt. Die Dampfzylinder der Zwillings-Dampfmaschine sind vertikal und bilden samt Schieberkasten ein Gussstück. Der eine Zylinder arbeitet auf eine Kurbel, der zweite auf eine unter 90° verstellte gekröpfte Welle, von welcher aus durch ein Getriebe direkt die Fördertrommel in Umdrehung gesetzt wird.

Die Dampfverteilung erfolgt durch einen Kanalschieber, die Umsteuerung durch einen gewöhnlichen Muschelschieber in der bekannten Weise, dass durch die Verstellung des Umsteuerungsschiebers der Aus- und Einlasskanal des Schieberspiegels abwechseln. Der Schieber besitzt keine weitere Führung, da der Druck des in der Schieberhöhlung befindlichen Dampfes das Abheben des Schiebers, infolge des außen herrschenden größeren Drucks im Schieberkasten, nicht zur Folge haben kann. Die Einströmungskanäle am Schieberspiegel des Umsteuerungsschiebers sind dreieckig geformt, so dass bei beginnender Umsteuerung keine plötzliche, sondern allmählich Dampfeinströmung bewirkt wird. Diese Schieberumsteuerung hat sich insbesondere für Hüttenwerke, kleine Förderanlagen etc. vorzüglich bewährt, da alle beweglichen Steuerungsteile im Schieberkasten eingeschlossen sind und durch unverständige Behandlung nicht leiden können. Die Steuerung lässt jedoch keine Expansion zu.

Die Maschine besitzt folgende Sicherheitsvorrichtungen: eine Bandbremse *s*, die durch die Stange *b* mit dem Hebel *m* in Verbindung steht, und eine selbsttätige Abstellvorrichtung *n e*, die durch die Stange *d* ebenfalls mit dem Hebel *m* verbunden ist und nach vollendeter Förderung den Hebel *m* so stellt, dass durch die Stange *a* und durch den Umsteuerungsschieber der Dampfzutritt abgesperrt und gleichzeitig durch die Stange *b* die Bremse *s* angezogen wird.

Die selbsttätige Abstellvorrichtung besteht aus einer mit Spiralnuten versehenen Scheibe *e*, die durch Zahnräder *g* und *h* von der Trommelwelle angetrieben wird. In den Spiralgängen dieser Scheibe sind entsprechend der Förderhöhe zwei Anschlagstifte *k* und *i (Tafel 3, Fig. 6)* festgeschraubt und durch eine zweite lose Scheibe *n* überdeckt. Diese Scheibe trägt einen parallelen Schlitz, in welchen ein Stift *l* lose eingesetzt wird, welcher durch eine Feder an die Spiralnuten angedrückt wird, dort seine Führung findet und daher gezwungen ist, bei Umdrehung der Spiralscheibe entsprechend den Spiralnuten, in dem Längsschlitze sich zu verschieben. Wenn nun gegen Ende der Förderung der bewegliche Stift *l* beim Auf- oder Niedergange an einen der fixen Stifte *k* stößt, so wird die Scheibe *n* mitgenommen und durch Vermittlung der Stange *d* die Maschine abgestellt und festgebremst.

Auf die Drehungsachse des Hebels *m* ist außerdem eine Scheibe *o* aufgesteckt, an welcher ein endloses Seil befestigt ist, das bis zur Gicht führt und durch welches die Abstellung und Festbremsung oder Umsteuerung der Maschine beliebig bewirkt werden kann. Die Maschine wird dabei ausschließlich durch die auf der Gicht befindlichen Arbeiter in Gang gesetzt und ist gewöhnlich während des Ganges und behufs Abstellung sich selbst überlassen.

Derartige Crane-Fördermaschinen sind in allen Teilen solide gebaut und sind als Gichtaufzüge in den Eisenhütten in Ohio, Illinois und Pennsylvanien außerordentlich zahlreich ausgeführt. Die Förderlast, für welche solche Gichtaufzüge meist berechnet sind, schwankt zwischen 1 bis 2 Tonnen.

Die großen Erfolge, welche die Firma Crane in Chicago durch diese kompendiösen, sehr zweckmäßig konstruierten Aufzugmaschinen in Eisenhütten erzielte, bewogen dieselbe, gleichartige Maschinen für Grubenbetrieb als Fördermaschinen für kleine Lasten bis zu 3 t einzuführen. Diese, in den letzten fünf Jahren für Gruben in Verwendung gekommenen Fördermaschinen sind teils identisch mit der auf *Tafel 3, Fig. 5 u. 6*, abgebildeten Maschine, wobei die beiden Förderseile auf eine Trommel aufgewickelt sind, oder es arbeitet bei größeren Förderlasten der linke Dampfzylinder ebenfalls auf eine gekröpfte Kurbelwelle, die in gleicher Weise links eine zweite Fördertrommel antreibt, auf welcher das zweite Förderseil befestigt ist. Solche Fördermaschinen sind auf verschiedenen Erzgruben in Michigan, Steinkohlengruben in Ohio, vereinzelt auch auf Anthrazitgruben Pennsylvaniens in Verwendung.

Lastenaufzug von Lane & Bodley

Lane & Bodley in Cincinnati, Ohio, brachten in Philadelphia Zeichnungen ihrer Transmissions-und hydraulischen Aufzüge zur Ausstellung.

Das Windwerk der Transmissions-Lastenaufzüge ist auf *Tafel 8, Fig. 9 – 13* abgebildet. Das Windwerk wird in ähnlicher Weise montiert, wie beim Lastenaufzug von Otis *(Tafel 2, Fig 1)* angegeben. Durch einen offenen und einen gekreuzten Riemen, welche über die losen Scheiben tt laufen, kann die fixe Scheibe s abwechselnd im einen oder anderen Drehungssinn angetrieben werden; durch Schraube und Schneckenrad wird die Bewegung weiter auf die Windentrommel t übertragen. Das Schneckenrad ist von einem Gehäuse umgeben, welches zugleich den Ölbehälter bildet.

Die Antriebschnecke ist aus einem Stücke mit der Welle geschmiedet; durch zweiteilige Lager und Stellschrauben wird der Schraubendruck während der Bewegung aufgefangen.

Der Riemenführer pq steht durch das gezeichnete Hebelwerk mit dem Hebel r und mit dem Steuerseil s in Verbindung.

Die Führungsgabeln des Riemenführers sind auf dem Windständer drehbar gelagert, das kürzere Hebelende derselben steht mit je einem Schlitz in Verbindung, der in einem verschiebbaren Backen angebracht ist, welcher Backen vom Steuerseil aus durch das ersichtliche Hebelwerk parallel verschoben werden kann. Die Schlitze sind derart angebracht, dass immer nur ein Riemenführer gleichzeitig bewegt werden kann, so zwar dass, wenn die Umkehrung der Bewegung des Fahrstuhls notwendig wird, zuerst der Riemen von der fixen Scheibe auf die lose Scheibe, dann die fixe Scheibe gebremst, hierauf der zweite Riemen auf die fixe Scheibe geschoben wird. Diese Bewegungen werden erzielt, wenn der mit den Schlitzen versehene Backen durch das Steuerseil auf seine ganze Länge verschoben wird; eine halbe Verschiebung entspricht dem Stillstand der Aufzugsmaschine. Die vorhin erwähnte, in der Zeichnung nicht dargestellte Bremse für die Fixscheibe hat nur den Zweck, bei Umkehrung der Bewegung das Windwerk rasch zum Stillstand zu bringen; Lastbremse ist wegen Verwendung des Schneckenrades keine vorhanden.

Außerdem ist der Aufzug mit einer Vorrichtung versehen, welche eine selbsttätige Umsteuerung der Antriebsmaschine nach vollendetem Hub des Fahrstuhls nach auf- oder abwärts bewirkt. Zu diesem Zweck ist auf der Antriebsspindel eine Schraube, eingreifend in ein Schneckenrad, aufgekeilt *(s. Tafel 8, Fig. 13)*. Durch die Nabe des letzteren läuft eine Schraubenspindel, welche auch lose durch die Nabe des Steuerhebels durchgeht und zwei Anschlagknaggen trägt, welche gegen Ende des Hubes nach Zurücklegung einer bestimmten Anzahl Umdrehungen an den Steuerhebel stoßen, denselben mitnehmen und dadurch in der früher erwähnten Weise den Riemenführer bewegen und den Aufzug abstellen.

Nachdem die Maschine für gewöhnlich von Hand aus durch das Steuerseil bedient werden soll, so sind die Knaggen derart angebracht, dass sie bei gewöhnlichem Gang des Aufzugs den

Riemenführer nicht beeinflussen und erst dann in Wirksamkeit treten, wenn die Umsteuerung durch das Steuerseil versäumt wurde.

Mit dieser Sicherheitsvorrichtung versehen wird der vorliegende Aufzug sehr häufig auch als Personenaufzug verwendet. Der Fahrstuhl ist aus Holz gebaut, mit Eisen armiert und mit seitlich angebrachten eisernen doppelten Führungsrollen an gewalzten I-Trägern geführt. Der Fahrstuhl ist für Lastenaufzüge in den meisten Fällen nur mit einer gewöhnlichen Fangvorrichtung mit Federn und Fangarmen ausgerüstet. In neuerer Zeit wurden jedoch bei mehreren Aufzügen, um die bekannten Nachteile der durch Federn wirkenden Fangvorrichtungen zu umgehen, zur Betätigung der Fangarme ein Fallgewicht verwendet, welches jedoch über dem Fahrschacht angebracht ist, an der Bewegung des Fahrstuhls nicht teilnimmt und durch ein über Rollen geführtes Seil mit den Fangarmen des Fahrstuhls verbunden ist. Die Wirkung des Gewichtes tritt erst dann auf, wenn das Förderseil reißt.

Die Firma **Lane & Bodley** baut ihre Lastenaufzüge in drei verschiedenen Größen, und zwar für Maximallasten von 450 kg, 1150 kg und 1600 kg.

Lastenaufzug von Wm. Sellers & Co. in Philadelphia

Außerhalb der Ausstellungsgründe waren in Fairmountpark auf Georg-Hill und auf Lemon-Hill je ein 75 m hoher Aufzugsturm errichtet, welche durch Lastwinden mit Transmissionsantrieb, gebaut von Wm. Sellers, bedient wurden. Die Konstruktion des Eisengerüstes sowohl (ausgeführt von Clarke Reeves & Co, Phönixville Bridge Works), als auch die eigentlichen Aufzugsmaschinen boten einige interessante Details; leider waren Zeichnungen der Konstruktion nicht zu erlangen

und es war schwierig, an diesen außerhalb der Ausstellung ge-
legenen, fortwährend im Betrieb erhaltenen Aufzügen selbst
Aufnahmen vorzunehmen. Die Aufzugsmaschine bestand aus
einer liegenden 20 PS Zwillingsmaschine (gebaut von Peoples
Iron Works), von deren Schwungrad aus die Bewegung auf eine
Vorgelegewelle durch Riemen übertragen wurde. Von hier
führten ein offener (für Lasthebung) und ein gekreuzter (für
Lastsinken) Riemen zur Antriebswelle des Windwerks, die
mit einer fixen und zwei losen Riemenscheiben versehen war,
von welchen aus durch weitere Übersetzung durch Schnecke
und Schneckenrad in gewöhnlicher Weise die Seiltrommeln
in Umdrehung gesetzt wurden.

Der offene und der gekreuzte Antriebsriemen wurden durch
je eine Gabel erfasst, die mit dem Riemenführer in Verbindung
stand, dessen Details in ganz ähnlicher Weise ausgeführt waren wie bei Sellersschen Hobelmaschinen, welcher Riemenführer von einem endlosen, durch den ganzen Aufzugsturm
durchlaufenden Steuerseil verschoben, dadurch der Aufzug
in Gang gesetzt, abgestellt oder umgesteuert werden konnte.
Außerdem war, ähnlich wie bei dem auf *Seite 48* besprochenen Aufzug von Lane Bodley, eine selbsttätige Abstellvorrichtung angebracht, die nach Zurücklegung einer bestimmten,
der Förderhöhe entsprechenden Umdrehungszahl der Seiltrommel, die Antriebsriemen ausschaltete. Die mittlere lose
Riemenscheibe war, um das rasche Anhalten des Antriebsmechanismus zu erzielen, mit selbsttätig wirkender Backenbremse versehen, die sich sofort festklemmte, wenn beide Antriebsriemen auf die lose Scheibe geschoben werden.

Personenaufzug von Mégy in Paris

Die Firma **Mégy Echeverria & Bazan** in Paris stellte in Philadelphia mehrere Typen ihrer Personenaufzüge aus, deren sinnreiche Konstruktion schon zur Zeit der Wiener Weltausstellung 1873 Aufmerksamkeit erregte, die seither in mehreren Details verbessert wurde und außerordentliche Erfolge erzielte. Auf *Tafel 4 u. 5* sind mehrere Typen der Aufzüge von **Mégy** dargestellt.

Die charakteristische Eigentümlichkeit dieser Aufzüge liegt in der Verwendung einer Friktionskuppelung, die zugleich als Bremse für das Sinken einer Last dient, sowie in der Verwendung besonderer Sicherheitsvorrichtungen. Die Wirkungsweise der von **Mégy** angewendeten Friktionskuppelungen ist aus *Tafel 4, Fig. 4*, welche den Antriebsmechanismus für ein gewöhnliches Lastwindwerk vorstellt, am besten zu ersehen.

Die Welle a wird von Hand oder von einer Transmission aus angetrieben. Auf derselben sind aufgekeilt die Kupplungsmuffe b und der Zylinder c. Auf letzterem ist durch den Keil k ein Zylinder verschiebbar, welcher an seinem äußeren Umfang mit Federn g, nach Art selbstspannender Dampfkolbenringe versehen ist. Des Weiteren ist lose auf die Antriebswelle a die Trommel f aufgesetzt; diese steht wieder in Verbindung mit dem Kegelrad h, welches bestimmt ist, die Bewegung durch weitere Räderübersetzungen auf die Windentrommel des Aufzugs zu übertragen.

Werden nun, durch einen Hebel der Kupplungsmuffe b, die Federringe g ganz nach links in das Innere der Trommel f geschoben, so wird bei genügender Spannung der Ringe auch genügende Reibung erzeugt, um die Bewegung der Antriebswelle a in die Trommel f und weiter durch Räderübersetzungen zur Windentrommel zu leiten. Wird jedoch der Zylinder mit den Ringen g nach rechts verschoben, so vermindert sich die

Reibung zwischen Ringen und Trommel bis zu dem Moment, wo die Reibung nicht mehr im Stande ist, die Last zu überwinden. Dann funktioniert, bei sinkender Last, die Federtrommel *g* als Bremse, wobei die Bremswirkung durch Hineinschieben des Zylinders *g* in die Trommel *f* oder Herausziehen aus derselben beliebig verstärkt oder geschwächt werden kann. Diese Anordnung gewährt mithin eine außerordentlich einfache Handhabung für den Betrieb sowohl für Lasthebung als auch für Bremsung behufs Herablassen einer Last.

Mégy benützt nun diese Friktionskuppelungen für verschiedene Gattungen von Aufzügen.

In *Tafel 4, Fig. 1–3* ist ein Windwerk von Mégy mit Handbetrieb für einen einfachen Personen- oder Lastenaufzug skizziert.

Auf die Antriebswelle ist eine Handkurbel *a* aufgesteckt und fix mit der Welle *b* der Hebelarm *c* verbunden; lose sind auf die Welle aufgesteckt die Trommel *m*, an welcher am äußeren Umfang die Federringe befestigt sind. Über diese Trommel *m* und die Spannfedern ist eine weitere lose Trommel *d* geschoben, die aus einem Stück mit dem Getriebe *f* hergestellt ist; weiter ist am vorderen Ende auf die Trommel *m* das Sperrrad *g* aufgekeilt.

Wenn nun mit diesem Apparat eine Lasthebung durchzuführen ist, so wird die Handkurbel nach rechts gedreht, der Arm *c* stößt an den Vorsprung *m* der Trommel *c*. Gleichzeitig wird die Spannkette *i*, welche mit den Federringen in Verbindung steht, gelüftet, die Federringe drücken somit nach außen und bewirken, dass mit der Trommel *m* auch die äußere Trommel *d* sich bewegen muss, so dass durch das Getriebe *f* und das Zahnrad *r* die Kettentrommel *t* des Lastwindwerkes in Umdrehung versetzt wird.

Soll der Fahrstuhl stillstehen, so bleibt das Windwerk einfach sich selbst überlassen, die Reibung der Federringe und das Sperrrad *g* halten sodann die Last vollkommen fest.

Soll der Fahrstuhl herabgelassen werden, so wird die Handkurbel im entgegengesetzten Sinn nach links gedreht und in der gedrehten Lage ruhig erhalten. Dadurch kommt der Arm *c* außer Berührung mit dem Ansätze *h*, die Kette *i* wird angespannt, mithin die Federringe nach innen gezogen und teilweise von der Trommel *d* abgehoben. Infolgedessen kann die Reibung zwischen Ring und Trommel so weit verringert werden, dass ein Gleiten der äußeren Trommel *d* und mithin ein Herabsinken der Last bewirkt wird. Die Geschwindigkeit kann hierbei durch stärkeres oder geringeres Drücken an der feststehenden Handkurbel, wodurch der Federring mehr oder weniger gelöst wird, vollkommen reguliert und die Senkung der Last mit beliebiger Geschwindigkeit vorgenommen werden. Als Windentrommel dient, wie aus der Zeichnung ersichtlich, eine Kettennuss, welche ebenso wie die Lastkette genau kalibriert ist.

Weiter sind die Aufzugswinden von Mégy mit einer selbsttätigen Sicherheitsvorrichtung versehen, welche es unmöglich machen soll, beim Herablassen einer Last, bei allfälligem zu starken Lüften der Federringe oder bei zufällig ausgelöster Sperrklinke eine gewisse maximale Geschwindigkeit zu überschreiten. Diese Vorrichtung steht ebenfalls in Verbindung mit der losen Trommel *m* und besteht aus einer geschlossenen Reihe von massiven Segmenten *nn* aus Blei, welche in die Trommel gut eingepasst und am äußeren Umfang durch einen leicht federnden Ring zusammengehalten sind. Dieser Ring verhindert, dass bei normalem Gang der Maschine die Bleigewichte an die äußere Trommel drücken und während der Bewegung Reibung erzeugen.

Wenn jedoch beim Herablassen einer Last die Geschwindigkeit über ein bestimmtes Maß steigt, so tritt die Zentrifugalkraft wirksam auf, drückt die Bleisegmente nach außen, überwindet die Spannung der umgebenden Feder und presst die Bleigewichte an die Trommel *m* und bremst dieselbe.

Fig. 1.   Längenschnitt.

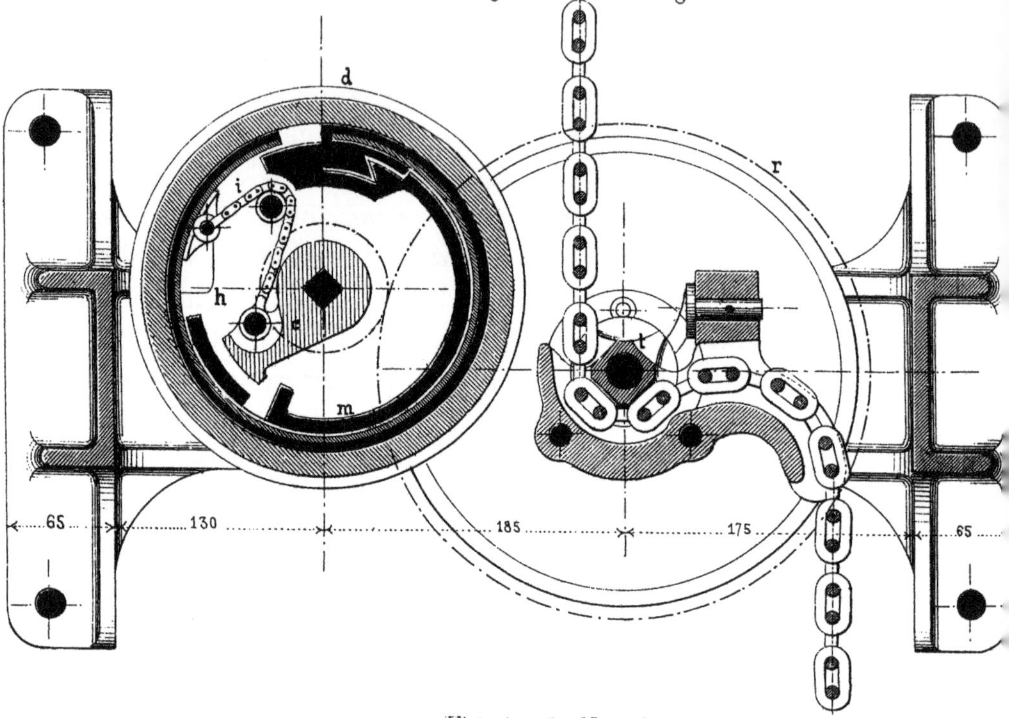

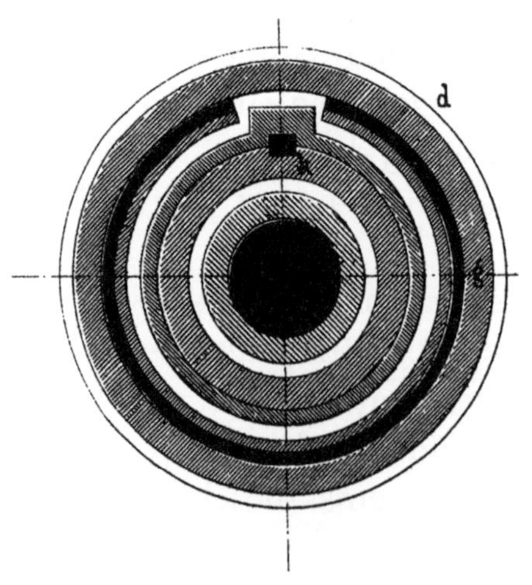

Fig. 4 – 5. Kupplung.

Fig. 5. Querschnitt.

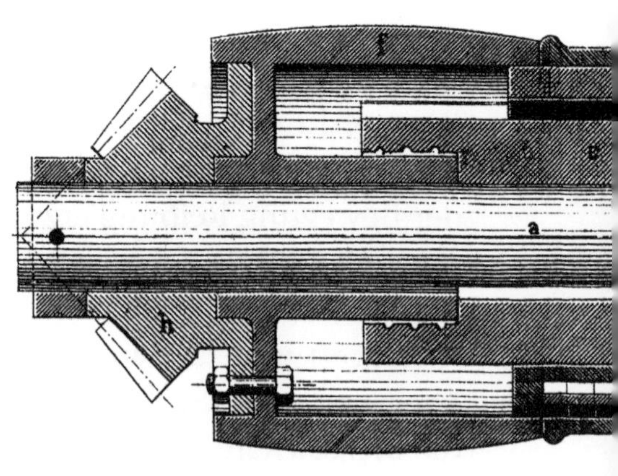

Fig. 4. Längenschnitt.

Fig. 2. Querschnitt.

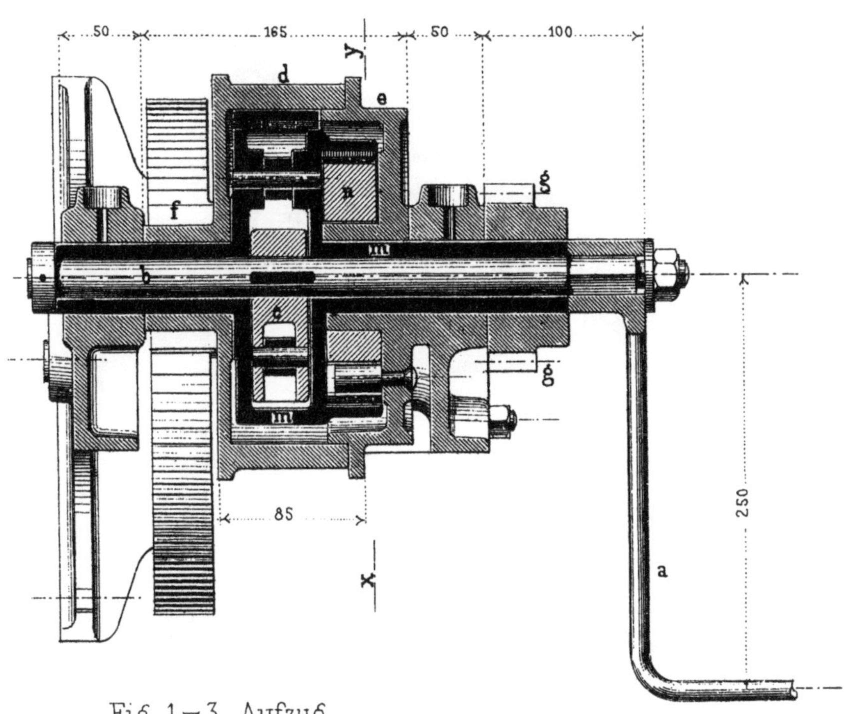

Fig. 1—3. Aufzug.

Fig. 3. Schnitt **x y**.

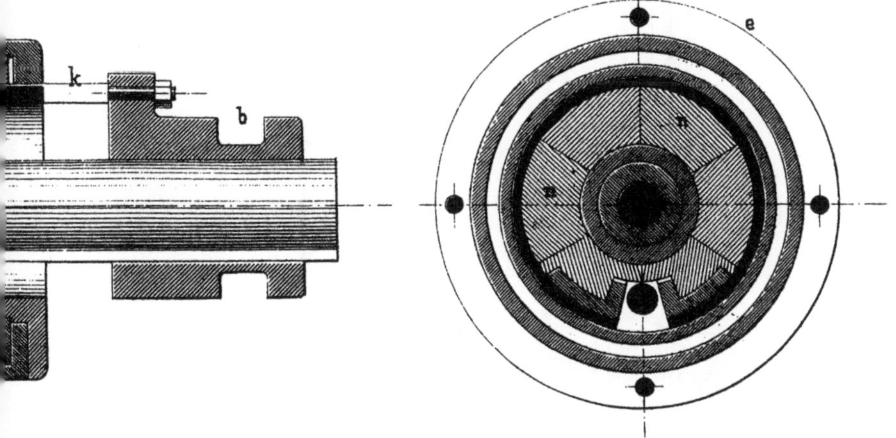

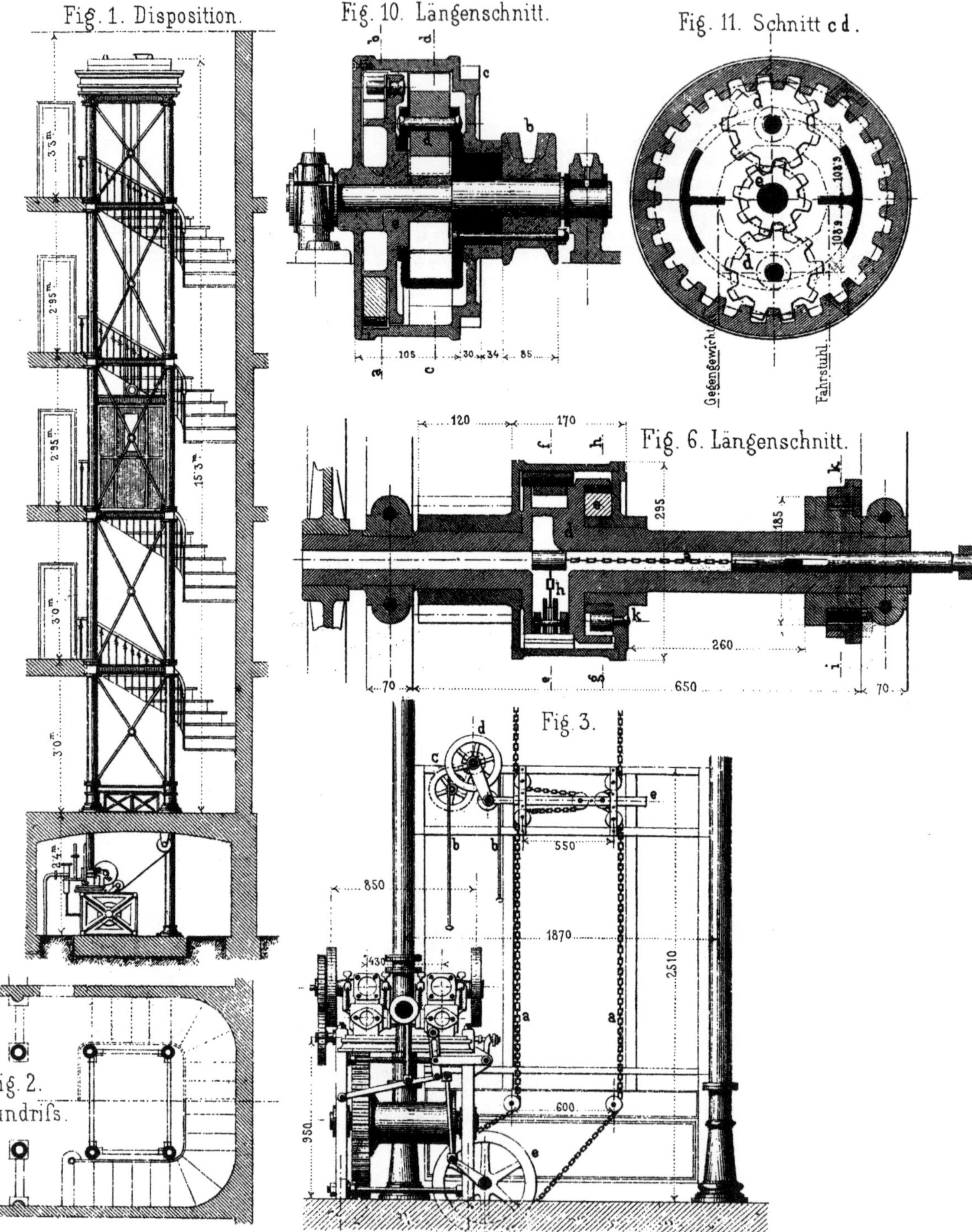
Fig. 1. Disposition.
Fig. 10. Längenschnitt.
Fig. 11. Schnitt c d.
Fig. 6. Längenschnitt.
Fig. 3.
Fig. 2. Grundrifs.
Gegengewicht.
Fahrstuhl.

Fig. 12. Schnitt **ab.**

Fig. 13. Ansicht.

Fig 10—13. Sicherheitstrommel.

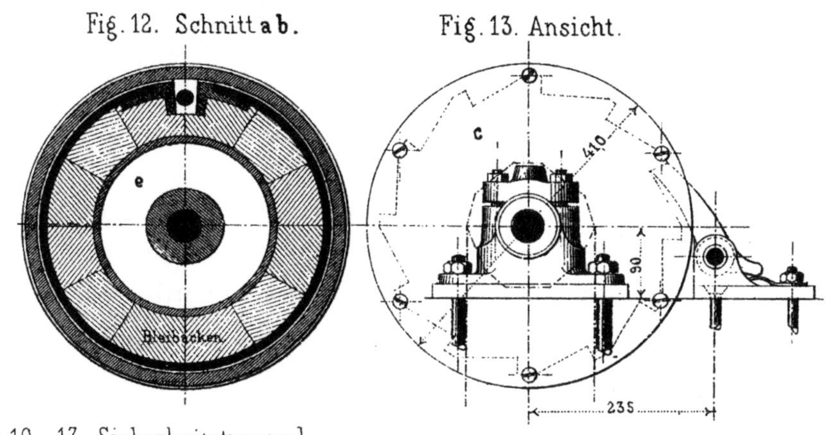

Fig. 7. Schnitt **ef.**

Fig. 8. Schnitt **gh.**

Fig. 9. Schnitt **ik.**
Frictions-Sperrrad.

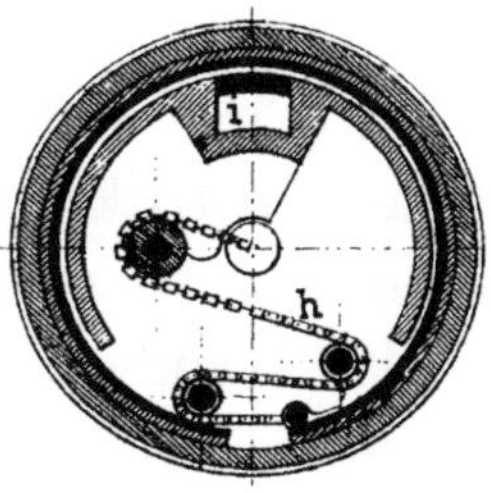

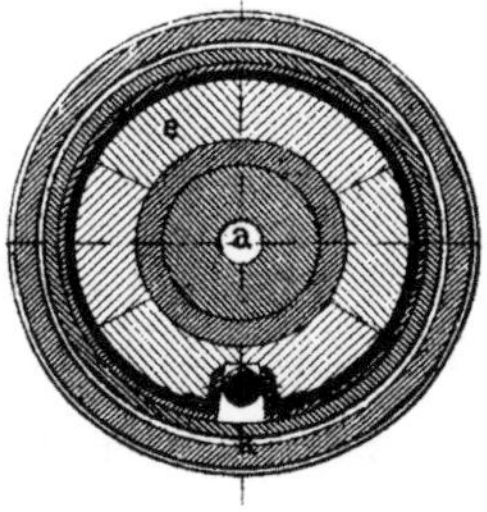

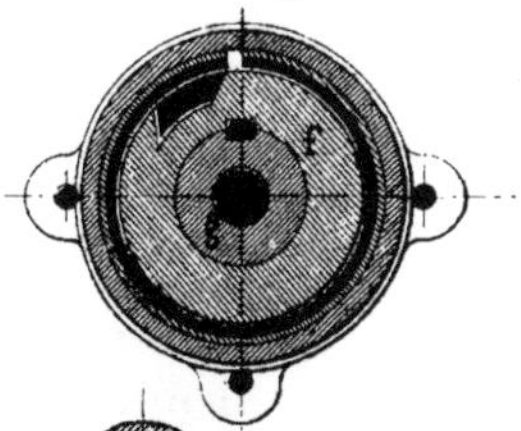

Fig. 6—9. Bremstrommel auf der Vorgelegewelle.

Fig. 5.

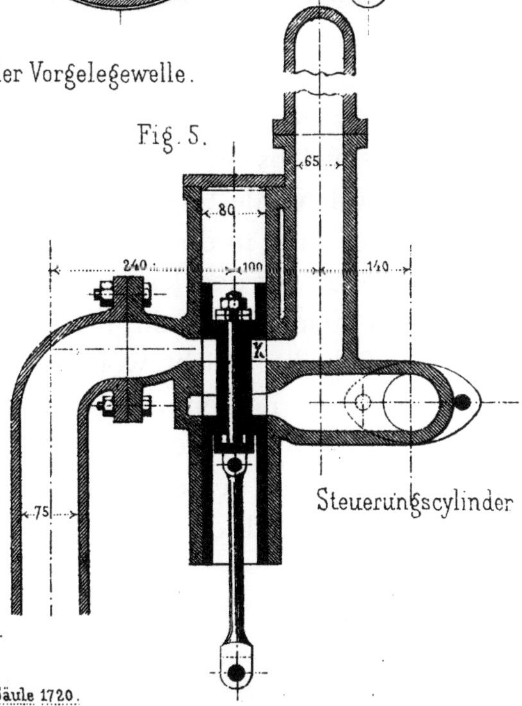

Fig. 3—4. Ansicht der Antriebmaschine und der Steuerung.

Fig. 4.

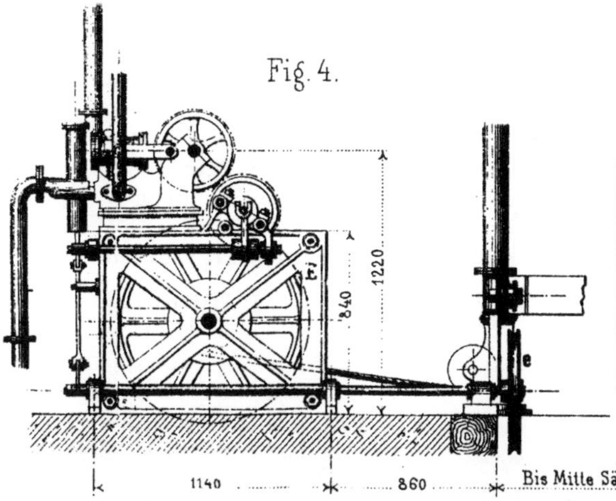

Diese Vorrichtung hat sich in ihrer Wirkung gut bewährt, funktioniert jedoch wegen des kleinen Durchmessers der Sicherheitstrommel nur dann mit Sicherheit, wenn die Umdrehungszahl der zu bremsenden Trommel eine sehr bedeutende ist.

Die Sicherheitstrommel wird entweder mit dem Windwerke vereinigt, wie oben gezeigt, oder ist getrennt vom Windwerke über dem Fahrstuhlschacht gelagert und entweder mit der Lastkette oder mit der Kette des Gegengewichts verbunden. In diesem Fall dient die Sicherheitstrommel auch als Schutzvorrichtung gegen Abstürzen des Fahrstuhls im Fall eines Bruchs des Förderseiles. Die Sicherheitstrommel wird in solchen Fällen, um deren sichere Wirkung zu ermöglichen, so angetrieben, dass die verhältnismäßig langsame Bewegung der Lastkette durch eine Räderübersetzung im Inneren der Trommel ins Schnelle übersetzt wird. Die Konstruktion solcher Trommeln ist weiter unten angegeben.

Für größere Aufzüge wird das Windwerk mit Transmissionsantrieb ausgeführt. Die Konstruktion der Winde bleibt jedoch unverändert wie für Handwinden. Nur ist die Handkurbel durch eine Riemenscheibe ersetzt, welche von einer Transmission aus angetrieben wird. Außerdem ist auf der Antriebswelle ein Handrad oder eine Kurbel aufgesetzt, durch welche die Friktionskuppelung im Inneren der Trommel gelöst und in oben besprochener Weise die Lastsenkung eingeleitet werden kann. Zur Abstellung des Aufzugs genügt ein einfacher Riemenführer, der den Antriebsriemen auf eine lose Scheibe schiebt, wobei der Aufzug sofort sich festbremst.

Die Bedienung des Riemenführers erfolgt entweder von unten durch eine Zugstange und damit verbundene Hebel, oder von den einzelnen Stockwerken aus durch Hebel, welche durch Schienen und Rollen mit dem Steuerseil in Verbindung stehen.

Auf *Tafel 5, Fig. 1–13* ist ein Personenaufzug von Mégy Echeverria & Bazan dargestellt, der mit den im Vorigen besprochenen Sicherheitsvorrichtungen ausgerüstet ist und durch einen hydraulischen Motor angetrieben wird. *Fig. 1* zeigt die allgemeine Disposition des Windwerks und die Führungen für den Fahrstuhl. Das Förderseil führt vom Fahrstuhl nach aufwärts über eine Führungsrolle und geht durch die Höhlung einer Führungssäule zum Windwerk. Die Höhlungen der drei übrigen Säulen dienen zur Aufnahme des Gegengewichtes. Ausbalanciert ist nur ein Teil des Gewichtes des Fahrstuhls, so dass der leere Fahrstuhl selbsttätig noch herabsinken kann.

Das Lastwindwerk wird durch Räderübersetzungen von einem oszillierenden hydraulischen Motor von bekannter Konstruktion (System Schmid) angetrieben; von diesem Motor aus wird die Windentrommel durch die ersichtlichen Räder bewegt und ist in ein Vorgelege Mégys selbsttätige Bremse und Friktionskuppelung eingeschaltet. Die auf die Welle aufgesetzte Trommel ist wieder von einem Federring umgeben, der diese Trommel bei der Lasthebung mit der Windentrommel kuppelt und beim Herablassen der Last als Bremse dient. Zum Lüften dieses Federringes dient eine kleine Spannkette, die jedoch hier aus konstruktiven Rücksichten nicht radial, sondern geradlinig durch den Handhebel *p* angezogen wird.

Alle Bewegungen zur Bedienung der Steuerungsteile des Windwerkes können vom Inneren des Fahrstuhls oder von beliebiger Stelle im Aufzugschacht, von den einzelnen Stockwerken oder von der Maschine selbst aus eingeleitet werden. Der Wasserzufluss für den hydraulischen Antriebsmotor wird durch einen entlasteten Kolbenschieber *(Fig. 5)* reguliert; der Bewegungsmechanismus zum Antrieb dieses Kolbenschiebers steht durch das aus der Zeichnung ersichtliche Hebelwerk in Verbindung mit der Friktionskuppelung der Winde, und vom Fahrstuhl aus kann sowohl die Ingangsetzung des hydraulischen Motors oder auch die Abstellung der Winde, respektive Betätigung der Friktionsbremse eingeleitet werden.

Die Sicherheitstrommel ist beim gezeichneten Aufzug auf der Höhe des Aufzugsschachtes angebracht, soll das Herabstürzen des Fahrstuhls im Fall eines Bruchs des eigentlichen Förderseils ungewöhnlich machen und soll außerdem, wie früher erwähnt, eine zu große Geschwindigkeit beim Lastsinken verhindern. Die Sicherheitstrommel ist mit einer Kettentrommel b versehen, über welche die Kette des Gegengewichts geschlungen ist. Die eigentliche Bremstrommel mit den Bleisegmenten wird durch das aus der Zeichnung ersichtliche Rädergetriebe angetrieben, um die Geschwindigkeit derselben und damit die Wirkung der Zentrifugalkraft der Bleistücke zu erhöhen. Im Fall eines Bruchs der Lastkette oder Überschreitens der normalen Geschwindigkeit wird die Sicherheitstrommel und damit der Fahrstuhl festgebremst. Zahlreiche Versuche durch absichtlich herbeigeführte Brüche des Förderseiles haben die ausgezeichnete und rasche Wirksamkeit dieser Sicherheitsvorrichtung bewiesen; dieselbe wird nur dann wirkungslos, wenn gleichzeitig mit dem Förderseil auch die Kette des Gegengewichts zwischen Fahrstuhl und Sicherheitstrommel reißen würde. Diese Ketten sind daher außerordentlich stark ausgeführt, und außerdem wird der Fahrstuhl ganz großer Aufzüge auch noch mit gewöhnlicher Fangvorrichtung ausgerüstet.

Der gezeichnete Aufzug mit hydraulischem Antriebsmotor ist für Personenverkehr, und zwar im Maximum für 10 Personen (7 Sitzplätze) gleichzeitig bestimmt. Die normale Geschwindigkeit der Lasthebung beträgt 200–300 mm/s, die Geschwindigkeit der Lastsenkung 500–600 mm.

Die Vorteile der auf *Tafel 5* dargestellten Konstruktion hydraulischer Aufzüge von **Mégy** liegen im Vergleich zu direkt wirkenden Aufzügen mit langen oder Teleskop-Plungern in der Einfachheit der Anlage, in den verhältnismäßig geringen Kosten, in der leichten Aufstellung, die die Verwendung tiefer Schächte zur Aufnahme des Treibzylinders überflüssig macht, in der leichten Zugänglichkeit aller Teile etc.

Außerdem gewähren die Sicherheitsvorrichtungen von Mégy einen, im Vergleich zu den sonst bei Aufzügen gewöhnlich üblichen Bremsen etc. außerordentlich einfachen Betrieb, bequeme Handhabung und vollkommene Sicherheit, und es verlangt die Bedienung des Aufzugs, wenn derselbe einmal in betriebsfähigem Zustand aufgestellt ist, keine Intelligenz.

Als Betriebsmotor kann außer einer Wassersäulenmaschine jeder andere Dampf- oder Gasmotor etc. verwendet werden.

Gichtaufzüge

Als Gichtaufzüge für Hochöfen sind in den Vereinigten Staaten von Nordamerika überwiegend kleine vertikale Dampfmaschinen, wie auf *Tafel 2, Fig. 7 und Tafel 3, Fig. 5* dargestellt, in Verwendung, welche Dampfmaschinen auf der Hüttensohle aufgestellt sind und durch Seile in einfacher Weise die Bewegung auf den Fahrstuhl übertragen. Die sonstige Ausrüstung dieser Gattung Gichtaufzüge bietet nichts Neues.

Neben diesen einfachen Förderanlagen sind in der Anthrazit-Region in Pennsylvanien als Gichtaufzüge auch direkt wirkende Dampf- oder pneumatische Aufzüge häufig in Verwendung. Ersterer Typus ist im Nachfolgenden durch einen direkt wirkenden Dampfaufzug von P. L. Weimer in Lebanon, letzterer Typus durch den pneumatischen Gichtaufzug von Taws & Hartmann vertreten.

Hydraulische Gichtaufzüge kommen für Hochöfen nur vereinzelt vor und bieten in ihrer Konstruktion nichts Bemerkenswertes. Als Gichtaufzüge für Kupolofen, Kalköfen etc. sind gewöhnliche direkt wirkende hydraulische Plungeraufzüge ganz allgemein in Verwendung.

Direkt wirkender Dampfaufzug von Weimer

P. L. Weimer (Weimer Machine Works) in Lebanon, Pennsylvanien, baute für eine große Zahl von Hochöfen in und um Reading, Harrisburg etc. Gichtaufzüge mit Dampfbetrieb, deren

Konstruktion auf *Tafel 6, Fig. 1 – 5* dargestellt ist. Der Aufzug besteht aus einem gusseisernen Gerüste, in dessen Inneren, wie aus der Zeichnung ersichtlich ist, der Antriebsdampfzylinder befestigt ist, dessen Dampfkolben mit einer langen Zahnstange in Verbindung steht; durch Einlassen von Dampf über den Dampfkolben geht die Zahnstange nach abwärts, treibt das aus der Zeichnung ersichtliche Getriebe und die damit verbundene Seilscheibe, wodurch der außen am Gerüste geführte Fahrstuhl gehoben wird. Die eigentümliche Konstruktion des Fahrstuhls und der Zahnstange, welche letztere gleichzeitig als Gegengewicht dient, sind aus der Zeichnung ersichtlich. Die Steuerung der Dampfmaschine wird durch einen einfachen Muschelschieber besorgt. Durch die Konstruktion von **Weimer** wird in erster Linie möglichste Einfachheit und Billigkeit der Anlage angestrebt und dies durch die Anbringung des einfachen bis zur Gichtbrücke reichenden Gerüstes, welches einen schweren Gichtturm überflüssig macht und durch die möglichst einfache Übertragung der Bewegung des Dampfkolbens auf den Fahrstuhl erreicht.

Die Firma **Taws & Hartmann** in Philadelphia stellte im Industriepalast eine Reihe von Hochöfenarmaturen und die Zeichnungen eines doppeltwirkenden pneumatischen Aufzugs aus, der auf *Tafel 7, Fig. 1 – 4* wiedergegeben ist und von welchem Typus in den Eisenhütten der Staaten Pennsylvanien, Ohio und New York bis heute 50 Aufzüge mit ausgezeichnetem Resultat im Betrieb sind.

Die Firma befasst sich ausschließlich mit Einrichtung von Eisenhütten und ist zugleich Vertreter der Winderhitzungs-Apparate von **Kent**, der pneumatischen Gichtverschlüsse von **Thomas** und der Lürman-Hochöfen mit geschlossener Brust etc.

Die Wirkungsweise der pneumatischen Aufzüge von **Taws & Hartmann** ist folgende: In einem der Höhe der Gicht

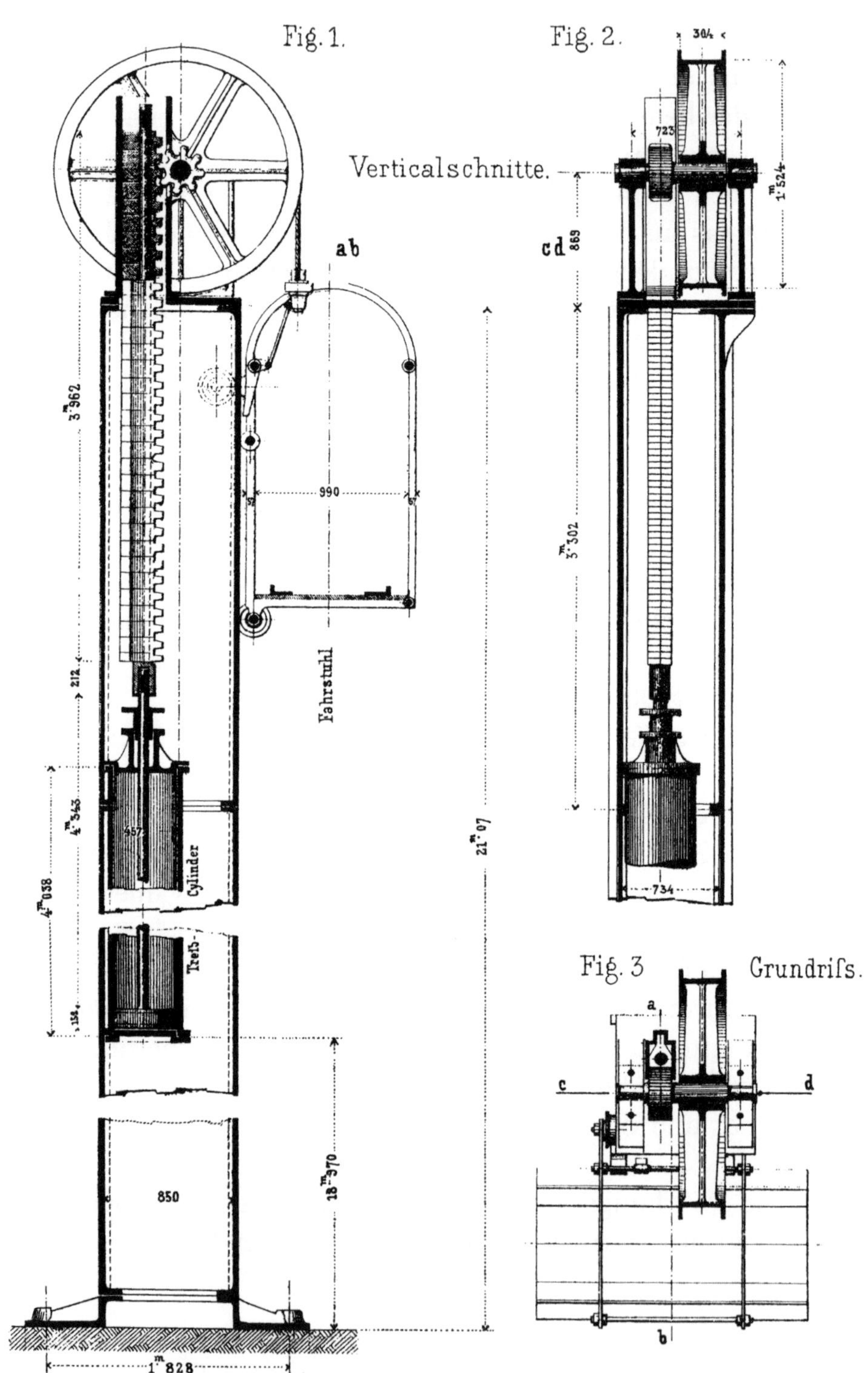

Fig. 1.
Fig. 2.
Verticalschnitte.
Fig. 3
Grundrifs.
ab
cd
Fahrstuhl
Cylinder
Trefs-

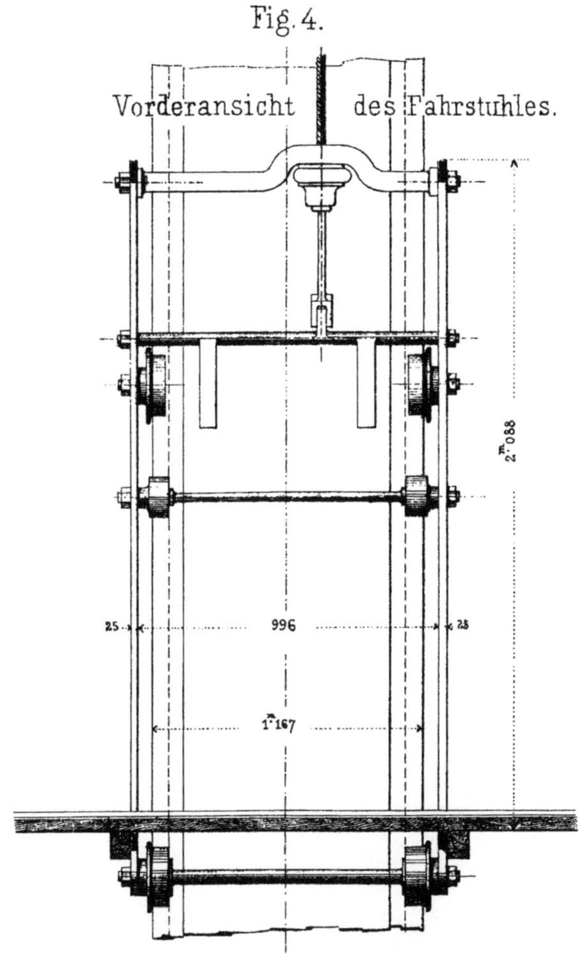

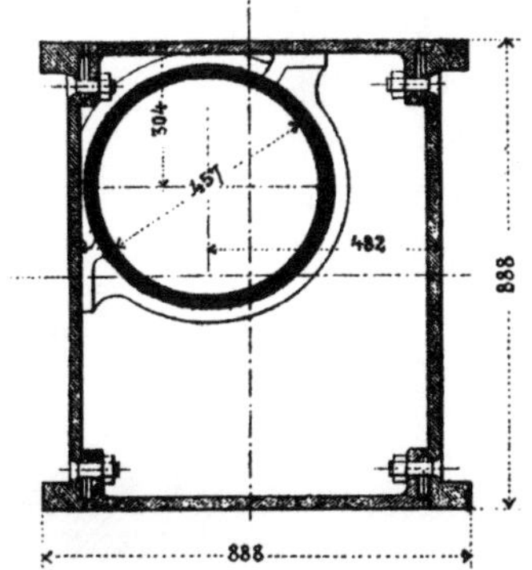

Fig. 5.
Querschnitt. ⅟25

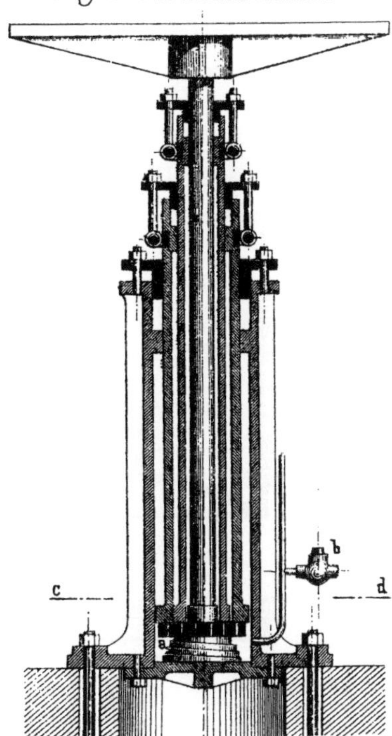

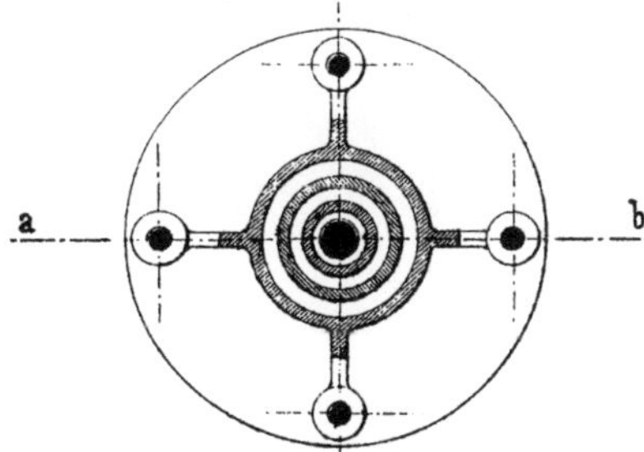

Fig 7. Schnitt cd

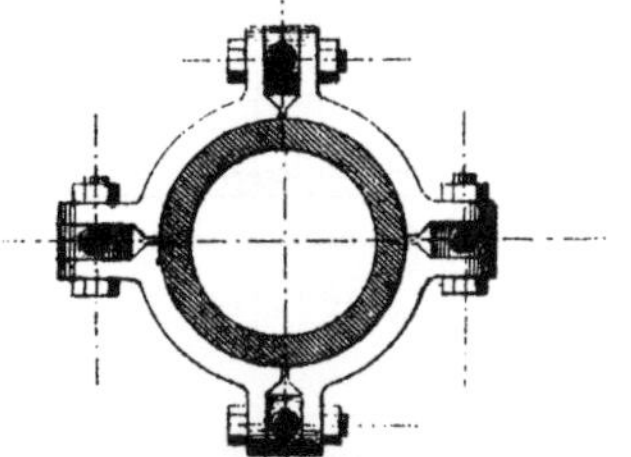

Fig. 8. Stopfbüchsenring.

Fig. 6-8. **Hydraulischer Aufzug von le Van** in Philadelphia.

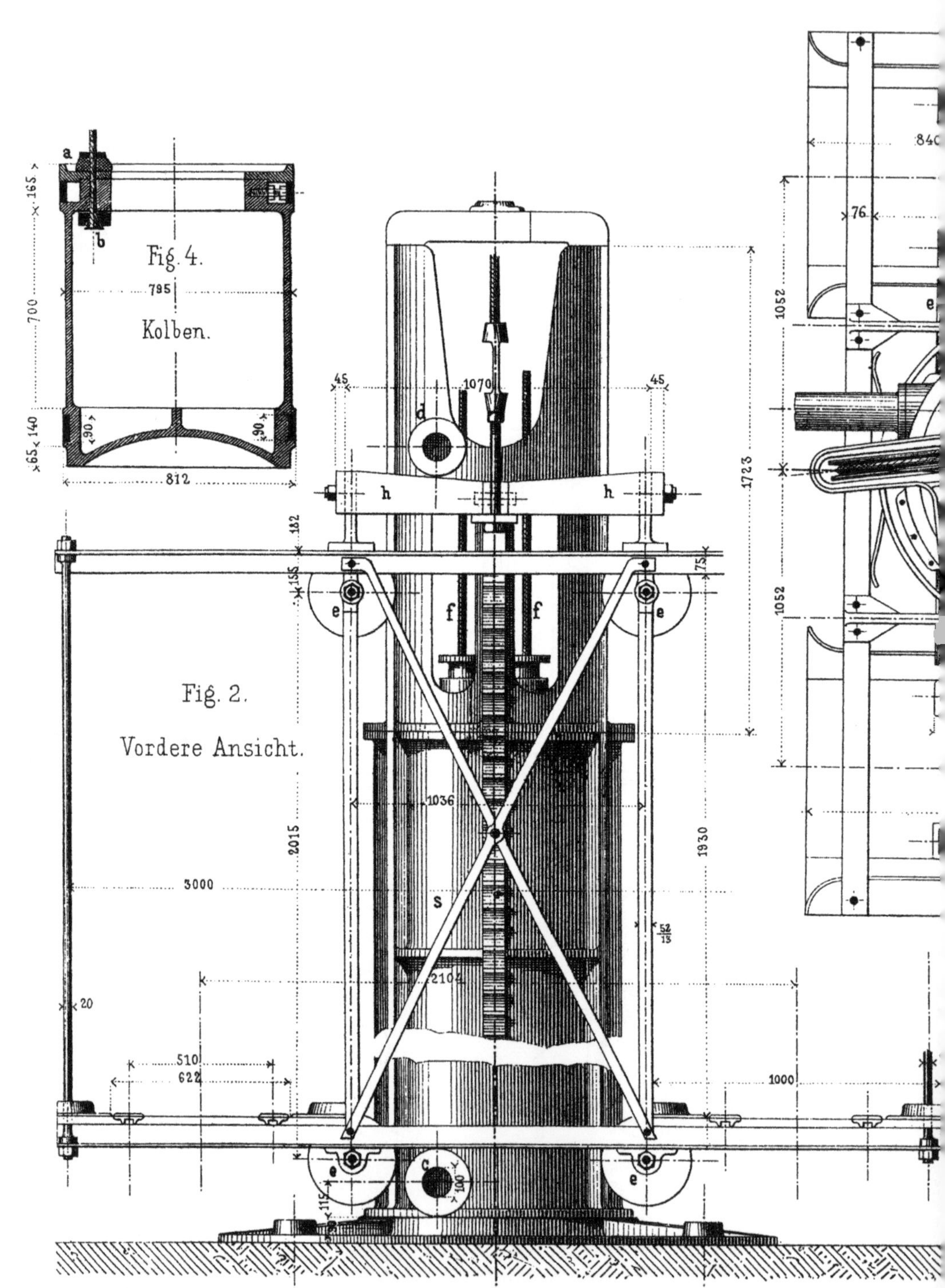
a
b
Fig. 4.
795
Kolben.
812
700
165
65 140
90
90
Fig. 2.
Vordere Ansicht.
3000
2015
20
510
622
182
155
1036
s
2104
h
h
d
1070
45
45
e
f
f
e
1723
75
1930
52
13
840
76
1052
1052
e
1000
c
100
115

Fig. 1. Seiten-Ansicht.

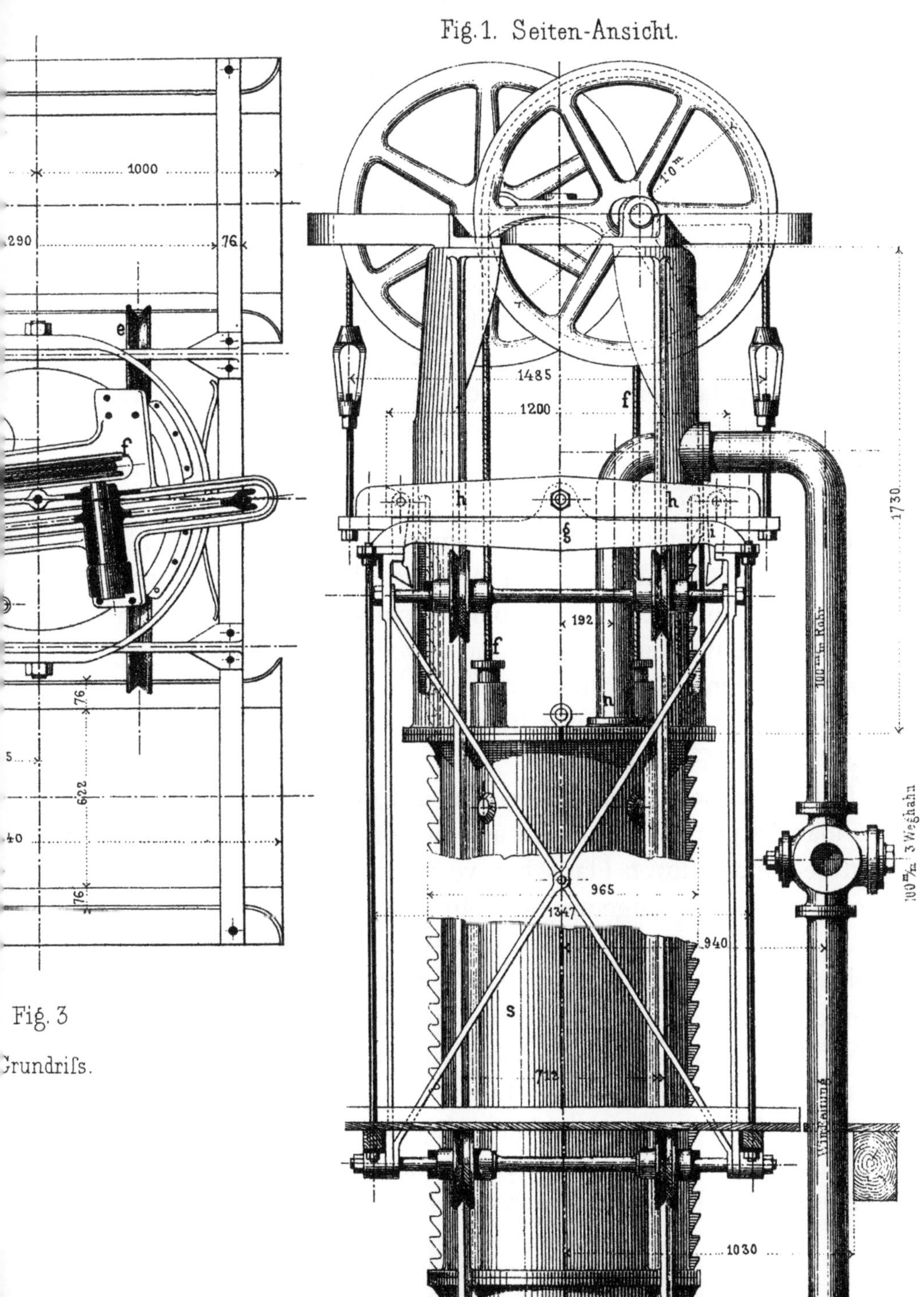

Fig. 3

Grundrifs.

entsprechend langen gusseisernen vertikalen Zylinder *s* ist ein gusseiserner Kolben *a (Tafel 7, Fig. 4)* beweglich, welcher durch zwei Drahtseile mit dem Fahrstuhl in Verbindung steht. Komprimierte Luft wird abwechselnd über und unter den Treibkolben durch eine Steuervorrichtung eingelassen, so dass bei entsprechender Ausbalancierung der toten Last, beim Eintritt der komprimierten Luft über den Treibkolben die Hebung der Last, beim Eintritt der Luft unter den Kolben der Niedergang des Fahrstuhls samt Fördergefäßen bewirkt wird. Die toten Lasten, sowie ein Teil der Förderlast sind durch den Treibkolben ausbalanciert, und zwar derart, dass das Gewicht des letzteren gleich ist dem Gewicht des Fahrstuhls, dem halben Gewicht des Förderseils, dem Gewicht der leeren Fördergefäße und der halben Förderlast.

Die Konstruktion des Treibkolbens ist aus der *Fig. 4* ersichtlich; die Dichtung des Kolbens im Treibzylinder erfolgt durch einen nahe am unteren Ende befindlichen, selbstspannenden und durch einen durch die Kappe *a* niedergehaltenen stellbaren gusseisernen Dichtungsring.

Die Höhlung des Kolbens dient zur Aufnahme des eventuell notwendigen Gegengewichts.

Der vertikale Treibzylinder ruht auf einer gut fundierten Fundamentplatte und besteht aus einzelnen Rohrstücken, die untereinander durch Flanschen verschraubt, gut abgedichtet und durch vorspringende, gedrehte Ränder genau zentriert sind. Das Rohrende des Treibzylinders ist, da der Aufzug doppeltwirkend ist, durch einen Deckel geschlossen und sind die Förderseile *f* deshalb durch Stopfbüchsen geführt. Mit dem Abschlussdeckel steht das Gerüste zur Aufnahme der Seilführungsrollen in Verbindung; letztere sind derart schief gestellt *(s. Fig. 3)* dass die beiden ablaufenden Seilstücke *f* den Treibkolben diametral entgegengesetzt, nahe an den Rändern erfassen, während die Seile von den anderen Seiten der Seilscheibe direkt zum Fahrstuhl führen. Durch diese Anordnung ist es möglich, bei genügendem Seilscheibendurchmesser eine sehr kompendiöse, praktische Konstruktion zu erzielen und dabei sowohl den Treibkolben, sowie auch den Fahrstuhl vollkommen zentrisch zu fassen. Um dem Bestreben der Förderseile, sich aufzudrehen, entgegenzuwirken, sind die Litzen des einen Förderseiles nach rechts, die des anderen Seiles nach links gedreht.

Die Konstruktion des Fahrstuhls ist aus den Zeichnungen vollständig ersichtlich. Bemerkenswert ist hierbei, dass die Förderseile den Fahrstuhl nicht direkt anfassen, sondern mit dem beweglichen Ring *h (Fig. 2)* verbunden sind, an welchem Ring der eigentliche Fahrstuhl durch die Schienen *g* drehbar aufgehängt ist, so dass sich derselbe stets selbst richtig einstellt und dadurch Klemmungen bei ungleicher Dehnung der Förderseile etc. vermieden werden. Die Führung des Fahrstuhls wird durch vier Paare keilförmiger Führungsrollen an angegossenen Rippen des Treibzylinders bewirkt.

Die Fangvorrichtung besteht aus einfachen Sperrklinken *i*, die an dem Ring *h* befestigt sind und bei allfälligem Reißen der Förderseile in die an den Treibzylinder angegossenen Fangzähne einfallen und den Fahrstuhl aufhalten.

Der Betrieb solcher pneumatischer Aufzüge erfolgt derart, dass abwechselnd durch die Rohre *d* und *c* komprimierte Luft über oder unter den Treibkolben geleitet und dadurch der Auf- oder Niedergang des Fahrstuhls bewirkt wird. Das Luftleitungsrohr verbindet die beiden Rohrstutzen *c* und *d*, und es erfolgt die Luftverteilung entweder durch einen gewöhnlichen Dreiwegehahn, wie bei vorliegendem Aufzug, oder durch einen einfachen Muschelschieber, durch welchen in gewöhnlicher Weise die Zuleitung der komprimierten Luft und Ausströmung der verbrauchten Luft besorgt wird. Der bedienende Maschinist befindet sich hierbei auf der Gichtbrücke. Außerdem ist jedoch ein Dreiwegehahn am Fuß der Rohrleitung eingeschaltet, um eventuell den Aufzug von unten bedienen zu können.

Die Betriebskraft wird in den meisten Fällen durch eine eigene, auf der Hüttensohle aufgestellte Luftkompressionsmaschine geliefert, wobei Luftpressungen von 1 – 2 atm Überdruck üblich sind. In manchen Fällen, namentlich bei den Hochöfen der pennsylvanischen Anthrazitregion wird jedoch die Betriebskraft direkt vom Hochofengebläse geliefert und die Windleitung des Aufzugs mit dem Windreservoir in Verbindung gesetzt, wobei allerdings eine gesonderte Luftkompressionsmaschine entfällt, aber auch der Aufzug vollständig vom Hochofengebläse abhängig gemacht wird. Die hierbei in Verwendung kommenden Windpressungen betragen bei Kokshochöfen 0,25 – 0,5 atm Überdruck, bei Anthrazithochöfen 0,3 – 0,9 atm Überdruck, so dass derartige, direkt vom Hochofengebläse betriebene Aufzüge auch mit größeren Treibzylindern ausgerüstet sind oder kleinere Lasten in geringeren Zeitabschnitten fördern.

Hydraulische Aufzüge

Hydraulische Aufzüge von Lane & Bodley

Lane & Bodley in Cincinnati bauen Aufzüge mit hydraulischen Antriebszylindern, von denen eine Konstruktion *Tafel 8, Fig. 1–5* dargestellt ist, die jedoch im Großen und Ganzen von den bekannten Aufzügen von William Armstrong wenig abweicht.

Im liegenden hydraulischen Zylinder bewegt sich ein durch Lederstulpen gedichteter Kolben, die Kolbenstange steht in Verbindung mit dem Kreuzkopf, welcher durch Rollen *b* auf einer Schiene horizontal geführt ist und 2–6 Kettenrollen trägt; auf dem fixen Ständer *c* sind eine gleiche Anzahl Rollen fix gelagert und durch die über die Rollen geschlungene Kette wird die Bewegung des Treibkolbens in die raschere Bewegung des Fahrstuhls übersetzt.

Durch ein die ganze Höhe des Aufzugs durchlaufendes Steuerseil, welches an der Rolle *r* befestigt ist, wird der Schieber *d* entsprechend gesteuert und dadurch, behufs Hebung der Last Druckwasser aus einem Reservoir, oder direkt aus der Wasserleitung entnommen, vor den Treibkolben gelassen, behufs Senkung der Last dieses Druckwassers durch den Steuerschieber *d* ausgelassen, wobei die Last durch ihr Eigengewicht sinkt und die Geschwindigkeit des Herabsinkens durch die größere oder geringere Drosselung des ausströmenden Wassers reguliert werden kann.

Fig. 3–5 zeigen die Konstruktion und die verschiedenen Stellungen des Steuerungskolbens: *Fig. 3* für Wasseraustritt,

Fig. 5 für Druckwassereinlass, *Fig. 4* für Stillstand des Treibkolbens. Der Steuerungskolben ist als Doppelkolben ausgeführt und dadurch vollständig entlastet. Für die Steuerung wird nur der rückwärtige Teil desselben benützt. Die Dichtungen erfolgen durch die aus den Zeichnungen ersichtlichen Lederstulpen. Die zackigen Ausschnitte beim Eintritts- und Austrittskanal bedingen langsame Öffnung der Kanäle und allmählichen Wasserzufluss, wodurch Stöße in den Hauptzuleitungsröhren vermieden werden.

Nur durch diese oder eine ähnliche Anordnung ist es möglich, bei Wasserpressungen von 3 – 6 atm, das Druckwasser direkt aus den Hauptleitungen der städtischen Wasserleitungen für Zwecke des Aufzugs entnehmen zu können.

Die großen Vorteile hydraulischer Aufzüge hinsichtlich ihrer Bedienung sind bekannt, ebenso ihr Hauptnachteil, darin bestehend, dass ihr Wasserverbrauch gleich groß für große und kleine Lasten ist. Um diesem Übelstand zu begegnen, verwenden **Lane & Bodley** in einfacher Weise auslösbare Flaschenzüge, durch welche die Übersetzung und Geschwindigkeit der Last, infolgedessen auch der Hub des Treibzylinders geändert werden kann. Zu diesem Zwecke wird die eine Hälfte der Kettenrollen des Flaschenzugs, so wie beim vorhin besprochenen Aufzug fix gelagert, von der zweiten Hälfte der Kettenrollen jedoch nur ein Teil mit dem Kreuzkopf des Treibkolbens, der andere Teil jedoch für sich auf einer beweglichen Zwischenwelle m gelagert. Es werden beispielsweise bei einer zehnrolligen Flaschenzugübersetzung fünf Rollen fix gelagert, drei Rollen mit dem Kreuzkopf verbunden, zwei Rollen auf der beweglichen Welle m, die zwischen Kreuzkopf und fixen Rollen, ebenfalls auf den Führungsschienen durch kleine Rollen geführt ist, befestigt. Diese letztere Zwischenwelle wird bei kleinen Lasten (große Übersetzung) mit dem Kreuzkopfzapfen durch kurze hakenförmige Schienen n gekuppelt, so dass der

Flaschenzug tatsächlich als zehnrolliger Flaschenzug funktioniert; für große Lasten (kleine Übersetzung) wird die Zwischenwelle, wenn die Aufzugsplattform in der untersten Lage angekommen ist, durch Ausheben der Schienen losgekuppelt, die beiden auf der Zwischenwelle *m* befindlichen Kettenrollen, welche dann unbeweglich neben den fünf fixen Rollen bleiben (wo sie durch einen eigenen Anschlag arretiert sind), nehmen keinen Einfluss auf die Übersetzung. Der Aufzug arbeitet mithin bei kleinen Lasten mit allen Rollen zusammen, wobei der Treibzylinder in Folge der großen Übersetzung ins Schnelle nur einen Teil seines Hubes zurückzulegen braucht, um eine gegebene Förderhöhe zu erzielen; es wird mithin auch der Wasserverbrauch ein geringer sein. Für große Lasten wird ein Teil der Kettenrollen ausgeschaltet, der Aufzug arbeitet mit geringer Übersetzung, das ist mit größerer Kraft, der Treibzylinder muss jedoch in Folge der geringeren Übersetzung einen größeren Hub, das ist für die Maximallast den vollen Hub zurücklegen. Diese Anordnung, die weitaus einfacher ist, als die bekannte Konstruktion von William Armstrong mit mehrfachem Treibzylinder, die (abwechselnd oder zusammen je nach Vorhandensein einer großen oder kleinen Last in Gang gesetzt werden) hat sich vollkommen bewährt, erfordert vom bedienenden Maschinisten keine Intelligenz, ist billig und einfach in der Instandhaltung.

Außer den oben besprochenen hydraulischen Aufzügen mit Flaschenzugübersetzung baut die Firma Lane & Bodley noch direkt wirkende hydraulische Aufzüge mit Plungern, die jedoch nur für kleine Hubhöhen und nur für solche Örtlichkeiten verwendet und empfohlen werden, wo die Herstellung eines Schachtes für den verhältnismäßig langen Treibzylinder keine Schwierigkeiten bietet.

Die Disposition solcher Aufzüge gibt im Allgemeinen keine neuen Gesichtspunkte gegenüber den auch bei uns bekannten

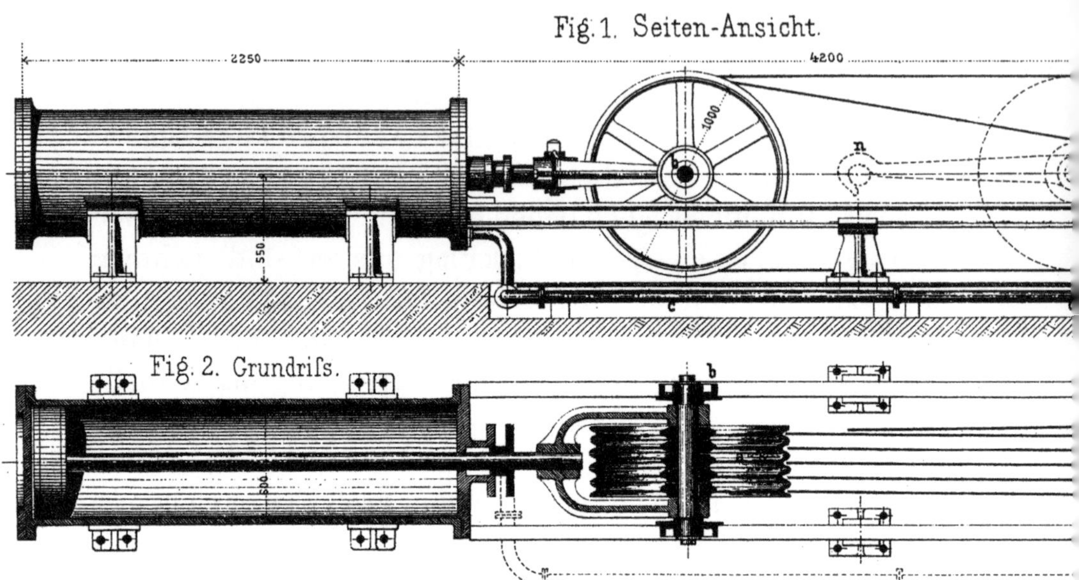

Fig. 1. Seiten-Ansicht.
2250
4200
1000
550
n
b
c
Fig. 2. Grundrifs.
b
Fig. 6. Seiten-Ansicht.
a
1000
680
Bremshebel
b
Fig. 8. Ausrückung.
c
Fig. 6-7. Grundrifs.
1100
t

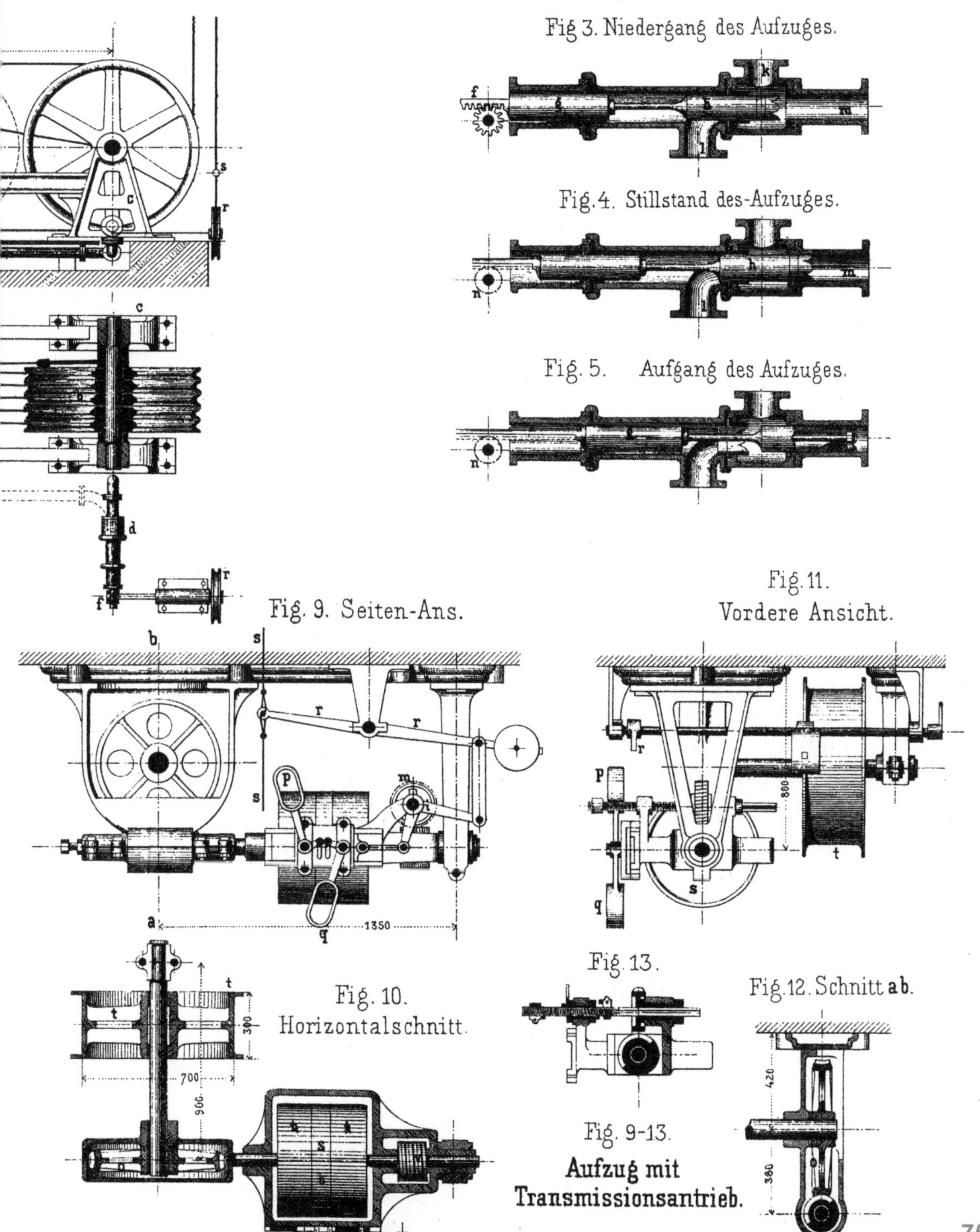
Fig 3. Niedergang des Aufzuges.
Fig. 4. Stillstand des-Aufzuges.
Fig. 5.   Aufgang des Aufzuges.
Fig. 11.
Vordere Ansicht.
Fig. 9. Seiten-Ans.
Fig. 10.
Horizontalschnitt.
Fig. 13.
Fig. 12. Schnitt ab.
Fig. 9-13.
Aufzug mit
Transmissionsantrieb.
1350
700
906
300
800
420
360

Konstruktionen derartiger Personenaufzüge, Gichtaufzüge etc. Die Steuerung der direkt wirkenden Plungeraufzügen von Lane & Bodley erfolgt ebenfalls durch entlastete Kolbenschieber.

Direkt wirkende Aufzüge für kleine Förderhöhen bis zu 10 m sind gar nicht ausbalanciert, solche über 10 m Förderhöhe erhalten Gegengewichte zur Ausgleichung des Gewichtes des Plungers und der Plattform. Da hierbei ausschließlich geschlossene Plunger in Verwendung sind, infolgedessen der Auftrieb in dem Maß kleiner wird, respektive das Plungergewicht in dem Maß zunimmt, als letzterer aus dem Treibzylinder beim Aufwärtsgange des Aufzugs heraustritt, so werden bei großen Aufzügen zur Verbindung der Ausbalancierungs-Gegengewichte mit der Plattform starke Ketten verwendet, deren Eigengewicht den variablen Auftrieb derart ausgleicht, dass bei beginnendem Hub die ganzen, entsprechend schweren Ketten dem Gegengewichte entgegen, bei vollendetem Hube aber im Sinne des Gegengewichtes wirken.

Hydraulische Aufzüge von Lane & Bodley sind in Cincinnati, Louisville, Cleveland und anderen Städten in Ohio, Michigan und Missouri vielfach in Verwendung und erfreuen sich außerordentlicher Beliebtheit. Unter anderen sind in Verwendung drei hydraulische Aufzüge in den Cincinnati-Gaswerken für Kohlentransport, zwei Aufzüge im Grand Hotel, eine größere Zahl derselben in den Schlachthäusern derselben Stadt, zwei Aufzüge in den Gaswerken in St. Louis etc. etc.

Hydraulischer Aufzug von Le Van

Wm. Barnet le Van in Philadelphia stellte die Zeichnungen eines hydraulischen Aufzugs mit Teleskop-Plunger aus, welcher auf *Tafel 6, Fig. 6 – 8* dargestellt ist.

Im vertikalen kurzen Treibzylinder befinden sich drei ineinander gesteckte hohle Plungerkolben, deren mittelster mit der Plattform des Fahrstuhls in direkter Verbindung steht. Die äußeren Plunger, sowie der Treibzylinder sind oben mit Stopfbüchsen, jeder der Plunger am unteren Ende noch mit ringförmigen Ansätzen versehen, welch letztere die Hubbegrenzung beim Aufsteigen der einzelnen Kolben bilden. Die Ansätze besitzen fast gleichen äußeren Durchmesser, wie die Bohrung des umgebenden Zylinders, so dass beim Aufsteigen der Plunger in der Nähe der Stopfbüchsen, da das Wasser über dem Ansätze nicht rasch entweichen kann, eine allmähliche Verzögerung der Bewegung bewirkt wird.

In der tiefsten Lage werden die einzelnen ineinandergeschobenen Plunger durch eine durchbohrte Bodenplatte *a* unterstützt, die Platte selbst ruht auf einer entsprechend starken Evolutfeder auf.

Das Druckwasser wird durch eine Rohrleitung in das untere Ende des Treibzylinders geleitet; das Wasserzuleitungsrohr ist mit einem nach innen zu öffnenden Luftventil *b* versehen, welches sich öffnet, wenn beim Niedergang der Plunger allenfalls die Ausströmung des Wassers unter denselben zu rasch erfolgen würde, so dass das Eintreten eines teilweisen Vakuums im Treibzylinder verhindert wird. Außerdem ist ein belastetes Sicherheitsventil vorhanden, welches sich nach außen öffnet, wenn beim Abwärtsgang des Fahrstuhls der Wasserausfluss zu plötzlich geschlossen würde.

Der Aufzug wird bei Wasserpressungen von 12 – 20 atm betrieben; das Druckwasser bei Lastenaufzügen durch eine zweizylindrige Dampfpumpe, bei Personenaufzügen wegen gleichmäßigerer Wasserlieferung durch eine dreizylindrige Pumpe oder zwei gekuppelte Zwillingspumpen geliefert. Bei gleichzeitigem Betrieb mehrerer Aufzüge werden zwischen Pumpen und Aufzug Akkumulatoren eingeschaltet. Das verbrauchte Wasser wird vom Aufzug wieder zurück in ein Reservoir geleitet, von welchem aus die Druckpumpen ansaugen.

Die Steuerung des Aufzugs erfolgt durch einen vollkommen entlasteten Dreiwegehahn, die Bewegungsübertragung auf den Steuerschieber durch ein durch alle Stockwerke des Aufzugs durchlaufendes Steuerseil.

Wenn keine Akkumulatoren in Verwendung sind, dann ist das Steuerseil auch mit der Drosselklappe oder dem Anlassventil der Dampfpumpe derart in Verbindung gebracht, dass die Dampfpumpen nur beim Aufgang des Aufzugs arbeiten, beim Niedergang des Fahrstuhls jedoch abgestellt werden.

Hydraulische Aufzüge von Barnet le Van sind in Philadelphia mehrfach ausgeführt, einer der größten im Warenhaus French Richards & Co. für 5000 kg Last bei 25 m Förderhöhe. Die Geschwindigkeit beim Lastenheben beträgt 0,45 m, beim Sinken des Fahrstuhls 0,93 m.

Hydraulischer Aufzug von Hale

Der hydraulische Aufzug von W. E. Hale & Co. in New York war in Zeichnung ausgestellt. Die Konstruktion ist durch *Abb. 3* veranschaulicht.

Der Aufzug besteht aus einem vertikalen Treibzylinder *a*, in welchem ein schwerer Treibkolben *b* sich bewegt, der durch eine Doppelstange mit einer beweglichen Rolle *c* in Verbindung steht, von welcher aus das Förderseil über eine Führungsrolle *d* zum Fahrstuhl führt. *f* ist das Zuleitungsrohr für das Druckwasser, *g* das Abflussrohr für das verbrauchte Wasser.

Das Gewicht des Fahrstuhls ist durch Gegengewichte oder durch den Kolben *b* ausbalanciert, so dass durch den Wasserdruck nur die Förderlast zu heben ist.

Diese wird überwunden durch das Gewicht des Kolbens *b*, den Wasserdruck über dem Kolben *b*, den äußeren atmosphärischen Druck. Dieser letztere Druck wird beim Aufzug von Hale dadurch für die Lasthebung nutzbar gemacht, dass das Druckwasser, welches beim Aufgang des Fahrstuhls den Treibkolben *c* nach abwärts gezogen hat, beim nachfolgenden Niedergang des Fahrstuhls durch den Steuerungsschieber *h* und das Rohr *g* unter den Treibkolben *b* überströmt. Wenn nun ein neuer Hub des Aufzugs beginnt, so wird der Steuerungsschieber *h* so gestellt, dass frisches Druckwasser durch das Rohr *f* über den Treibkolben, gleichzeitig aber auch das früher übergeströmte Wasser aus dem Treibzylinder durch das Rohr *g* in den Abflusskanal oder in ein Reservoir geleitet wird, so dass für das Lastheben auch die Saugwirkung der abströmenden Wassersäule auftritt.

Das Sinken der Last erfolgt ohne Hilfe äußerer Kraft, während des Überströmens des Druckwassers, wobei die Geschwindigkeit des herabsinkenden Fahrstuhls durch den mehr weniger geöffneten Steuerungsschieber, das ist, durch die Drosselung des überströmenden Wassers reguliert werden kann.

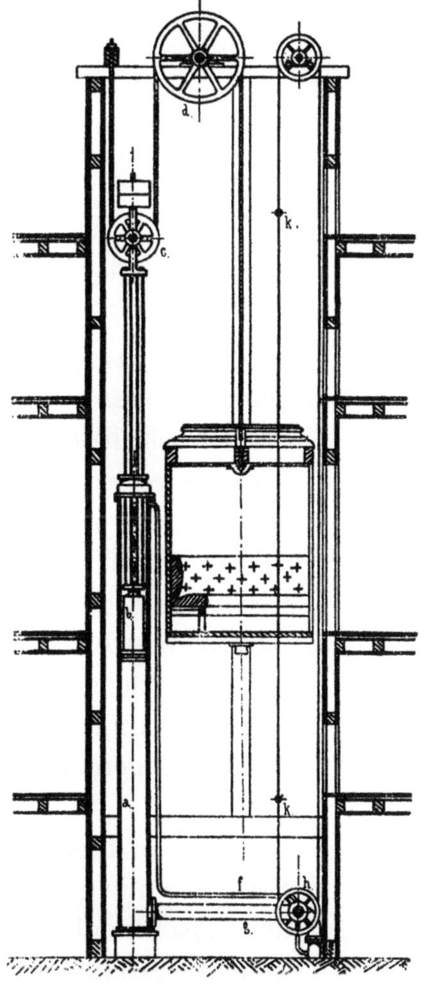

Abb. 3. Hydraulischer Aufzug von Hale.

Dampfwinden

Dampfwinden finden in Amerika für Verladung auf Schiffen, für bauliche Zwecke, für provisorische und stabile Förderungen etc. ausgedehnte Anwendung. Insbesondere sind Dampfwinden mit Friktionsräder-Übertragung (Konstruktion von Williamson Andrews, Reynolds etc.), weiter Dampfwinden mit rotierenden Antriebsmaschinen (Konstruktion von Lidgerwood) allenthalben zu finden. Die erstere Gattung von Maschinen erfreut sich wegen ihres geräuschlosen Ganges und wegen der Möglichkeit, mehrere Windentrommeln gleichzeitig von einer Antriebsmaschine anzutreiben und beliebig wieder auszurücken, außerordentlich großer Beliebtheit.

Im Nachfolgenden sind die wichtigsten Typen solcher Dampfwinden angegeben.

Die Dampfwinden der Lidgerwood Manufacturing Co. in New York waren in großer Anzahl in den verschiedensten Typen in der Maschinenhalle in Philadelphia ausgestellt und teilweise (in den Kesselhäusern als Aschenaufzüge) in Betrieb.

Die Winden von Lidgerwood zeichnen sich durch Verwendung einer rotierenden Dampfmaschine aus, welche Dampfmaschine leicht umsteuerbar ist und zugleich als Bremse für das Herablassen von Lasten dient.

Einige der zahlreichen Typen der Konstruktion von Lidgerwood sind auf *Tafel 10, Fig. 1–6* dargestellt; *Fig. 3* zeigt den Querschnitt der rotierenden Antriebsdampfmaschine, woraus die Form des Dampfkolbens und die Anbringung der Dampfkanäle ersichtlich ist. Die exzentrische Trommel *f*, um die Achse *e* drehbar, wird, wenn beispielsweise bei *a* Dampf in den Antriebszylinder strömt, gedreht, während der gebrauchte Dampf auf der entgegengesetzten Seite durch *b* und *c* ausströmt. Durch den einfachen Muschelschieber *h*, der durch einen Handhebel mit Hilfe des Getriebes *k* angetrieben wird, können die Kanäle *a* und *b* beliebig mit der Dampfzuströmung oder dem Auspuff verbunden und dadurch die Dampfmaschine umgesteuert werden. Diese Konstruktion hat sich vorzüglich bewährt und bietet, wie alle rotierenden Dampfmaschinen, den Vorteil eines äußerst ruhigen Ganges und der Abgeschlossenheit aller beweglichen Teile und einfacher Handhabung.

Die gewöhnlichen Nachteile rotierender Dampfmaschinen, die geringe Haltbarkeit der Kolbendichtungen haben bei der Konstruktion von Lidgerwood, abgesehen von meist großem Dampfverbrauche der Antriebsmaschine, zu Störungen selten Anlass gegeben und es hat sich diese Maschine als sehr dauerhaft erwiesen. Die Dichtungsplatten *d* sind aus weichem Rotguss hergestellt.

Lidgerwood-Dampfwinden werden meist direkt auf einer liegenden Fundamentplatte montiert, wobei die rotierende Dampfmaschine die Windentrommel durch einfache oder doppelte Vorgelege je nach der Größe der zu hebenden Last, antreibt *(Tafel 10, Fig. 4–6)*.

In dieser Anordnung finden Dampfwinden von Lidgerwood ausgedehnte Verwendung auf Schiffen, in den Docks und Warenhäusern für Verladung, in größerer Zahl des Weiteren für Steinbrüche und Bergwerke als Fördermaschinen. Besonders vorteilhaft erscheint die Anwendung der Maschinen für leichte Arbeiten, da diese Winden in Folge der rotierenden Antriebsmaschine nur sehr leichter oder gar keiner Fundamente bedürfen und bequem transportabel sind. Die kleinste dieser Dampfwinden (Nr. 1) findet insbesondere häufig Verwendung als Aschen-Aufzugsmaschine an Bord von Dampfern. Die größeren Maschinen (Nr. 4 bis 6) werden mit doppeltem Vorgelege ausgeführt, wobei das zweite Vorgelege in den meisten Fällen ausrückbar konstruiert ist. Ebenso sind diese größeren Maschinen neben der Hauptwindentrommel noch mit kleineren konischen Friktionstrommeln versehen, welche auf die Ansätze der Trommelwellen aufgesteckt werden, damit durch diese frei stehenden Trommeln kleinere Lasten, ohne Umwicklung des Seiles auf die Haupttrommel, rasch gehoben werden können.

Dampfwinden für Kais, für Verladungen bei Schiffen, ferner für bauliche Zwecke etc., wo die Winden leicht von einem Platz zum anderen befördert werden müssen, werden als transportable Dampfwinden gebaut, welche in *Tafel 10, Fig. 4* dargestellt sind.

Kessel und Dampfmaschine sind gemeinschaftlich auf einem Wagen gelagert, die Wagenplatte ist hohl und dient zur Hälfte (unter der Winde) als Wasserreservoir, zur Hälfte als Aschenkasten. Der Dampfkessel ist außer der gewöhnlichen Armatur noch mit einem Vorwärmer, durch den der Auspuffdampf streicht, versehen.

Größere Dampfwinden dieser Konstruktion werden durch ein besonderes auslösbares Vorgelege auch selbsttransportabel eingerichtet, für welchen Zweck ebenfalls die rotierende Antriebsmaschine verwendet wird.

Für Förderzwecke in Steinbrüchen und Bergwerken werden Lidgerwood-Dampfwinden in derselben Anordnung wie in *Fig. 5 u. 6* gezeichnet, gebaut.

Für größere Fördermaschinen, Schachtwinden etc. wird die Antriebsmaschine doppelt ausgeführt *(s. Tafel 10, Fig. 1–2)*. Die Verwendung rotierender Antriebsmaschinen gestattet die Verwendung der aus der Zeichnung ersichtlichen höchst primitiven Lagerung.

Eine weitere Konstruktion der Lidgerwood-Dampfwinden wird ausgeführt für Personen- und Lastenaufzüge, welche Konstruktion sich von den früher angegebenen nur dadurch unterscheidet, dass alle Teile mit größerer Sicherheit gebaut werden als für gewöhnliche Lastenwinden, dass mit der Dampfmaschine ein Regulator und dass das Schwungrad der Antriebsmaschine mitunter mit einer einfachen Backenbremse zum raschen Anhalten der Maschine verbunden wird. Die Getriebe dieser Winden sind aus Rotguss, die größeren Räder aus Gusseisen hergestellt, alle Zähne jedoch genau geschnitten.

Dampfwinden von Lidgerwood sind in Amerika auf Dampfschiffen, in Docks, Warenhäusern, an Kohlenverladestellen, in Steinbrüchen, Bergwerken, bei Bauunternehmungen etc. in außerordentlich zahlreicher Verwendung. Die größten Winden wurden bisher für 20 Tonnen und bis zu 100 m Förderhöhe ausgeführt.

Die Dampfwindenkonstruktion von Williamson Brothers in Philadelphia sind auf *Tafel 9, Fig. 3 – 7* dargestellt.

Eine liegende gewöhnliche Dampfmaschine *(Fig. 3 – 4)* treibt die mit einem Schwungrad versehene Kurbelwelle, auf welcher ein Friktionsradgetriebe befestigt ist, das mit einem größeren Friktionskeilrad durch den Hebel *a*, in Folge der exzentrischen Lagerung der Windentrommelwelle, in Eingriff gebracht werden kann. Durch einen kleinen Handhebel *b* kann die Drosselklappe der Dampfleitung verstellt und die Dampfspannung reguliert werden.

Die Maschine besitzt keine gesonderte Bremse; deren Funktion wird durch die Keilräder übernommen. Es läuft dabei die Dampfmaschine langsam vorwärts, der Hebel *a* wird so gestellt, dass die Keilräder nur mit geringer Pressung aneinander gedrückt werden, so dass die auftretende Reibung

Fig. 1. Seiten-Ansicht.

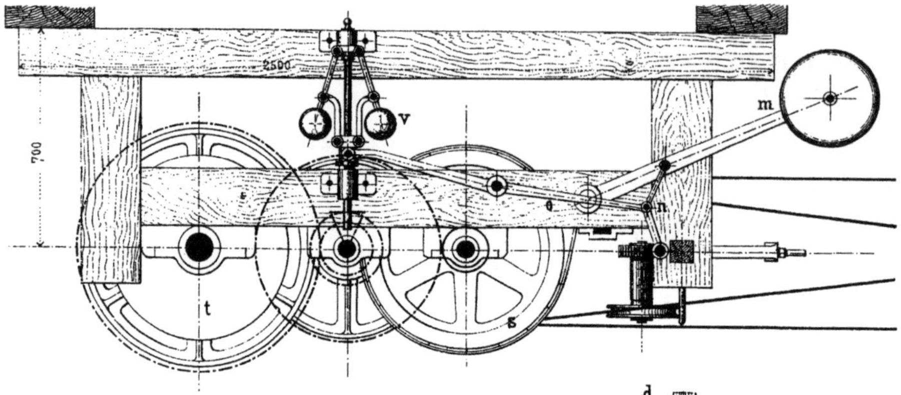

Fig. 2. Grundrifs.

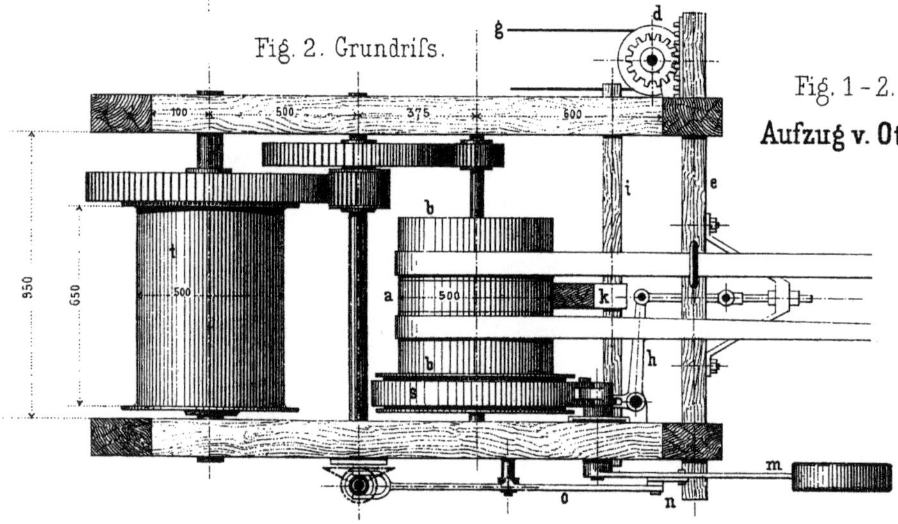

Fig. 1–2.

Aufzug v. Otis.

Fig. 7.

Transportable Winde   v. Williamson.

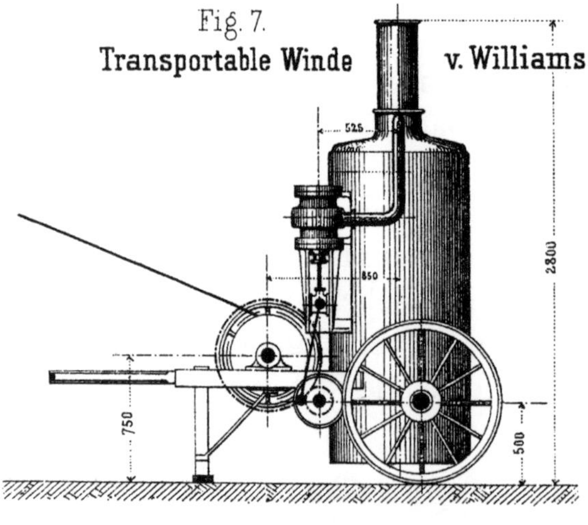

Fig. 5. Seiten-Ansicht.

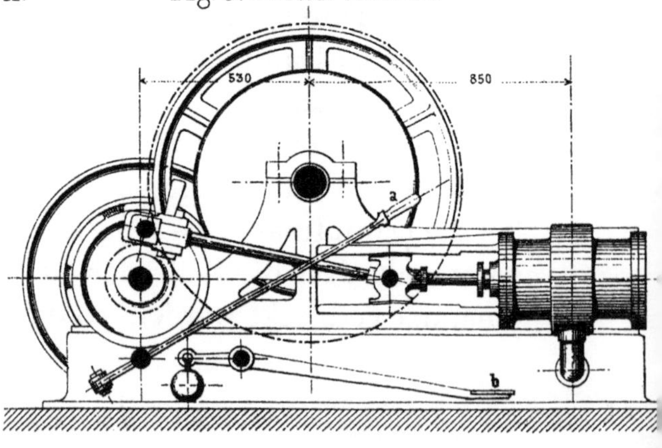

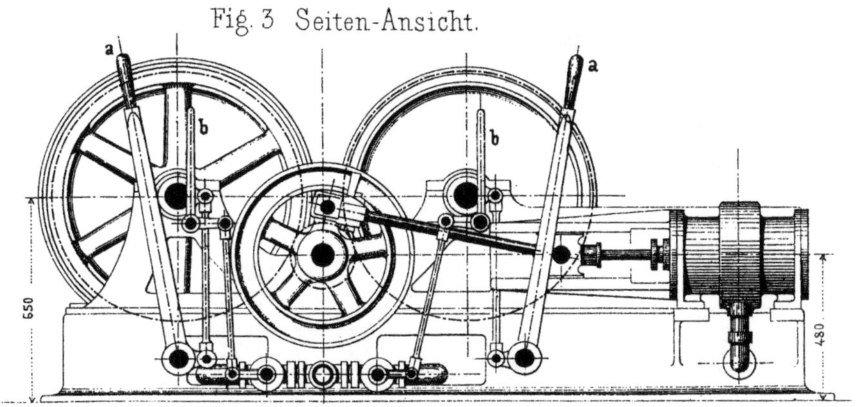

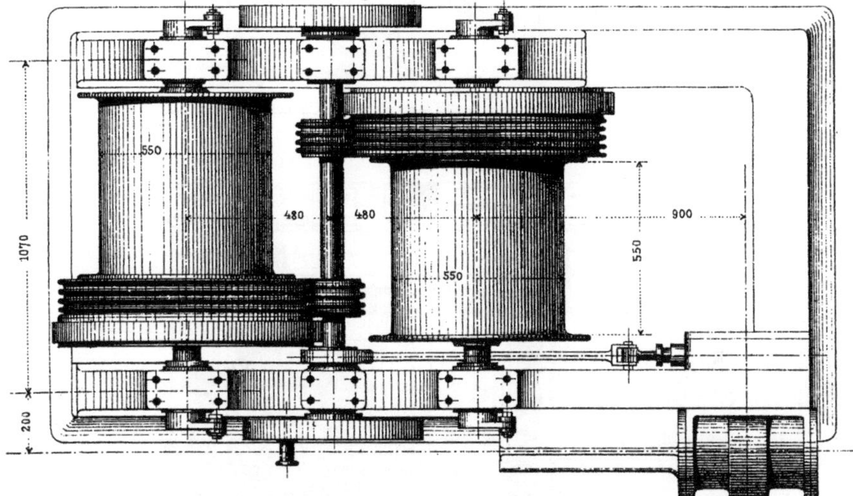

Fig. 3-6 **Dampfwinden v. Williamson.**

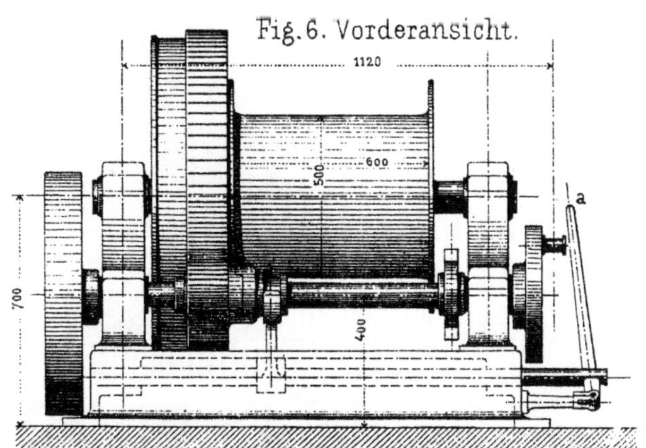

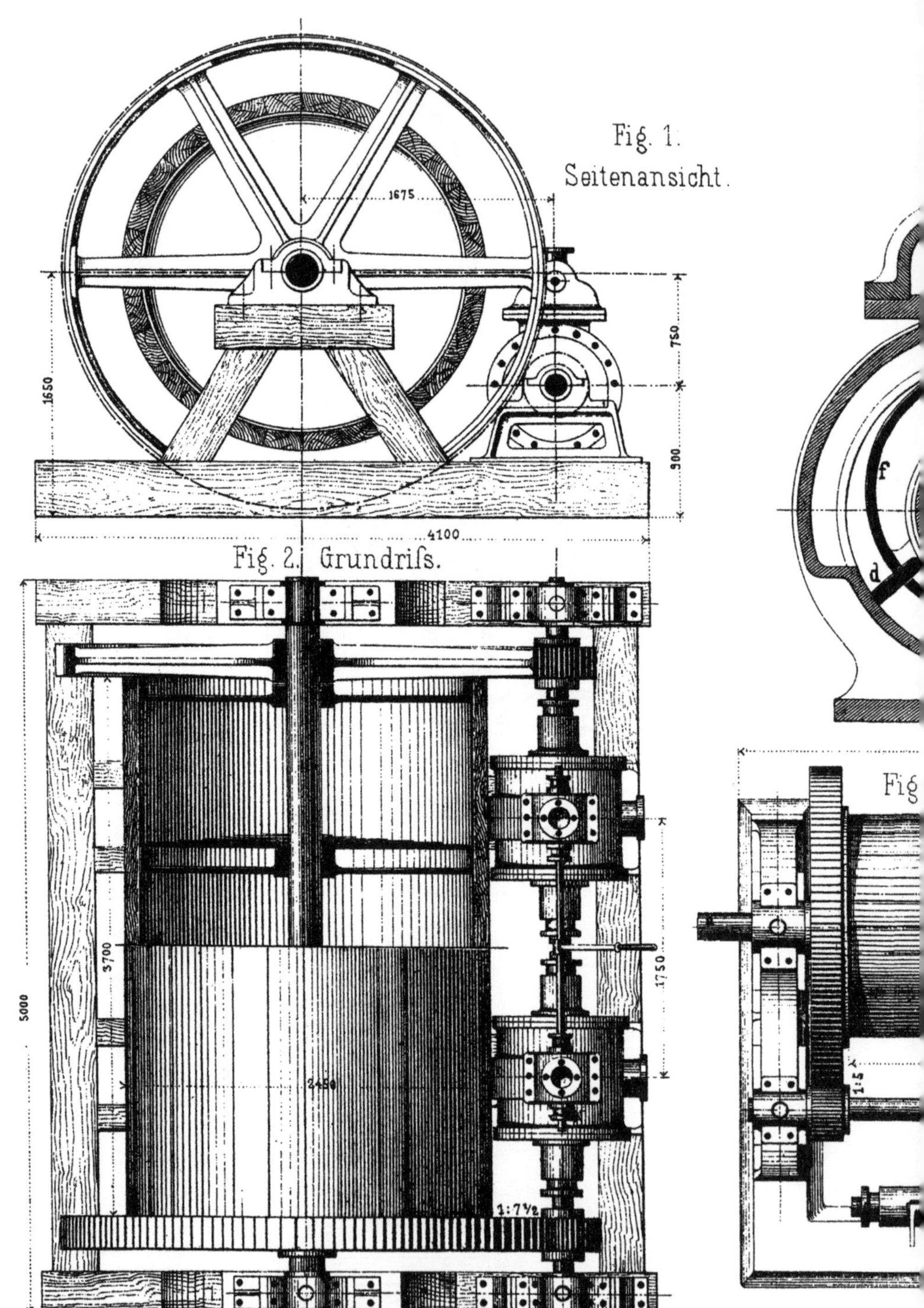
Fig. 1.
Seitenansicht.
1675
750
1650
900
4100
Fig. 2. Grundriſs.
3700
5000
2450
1750
1:7½
1:5
Fig

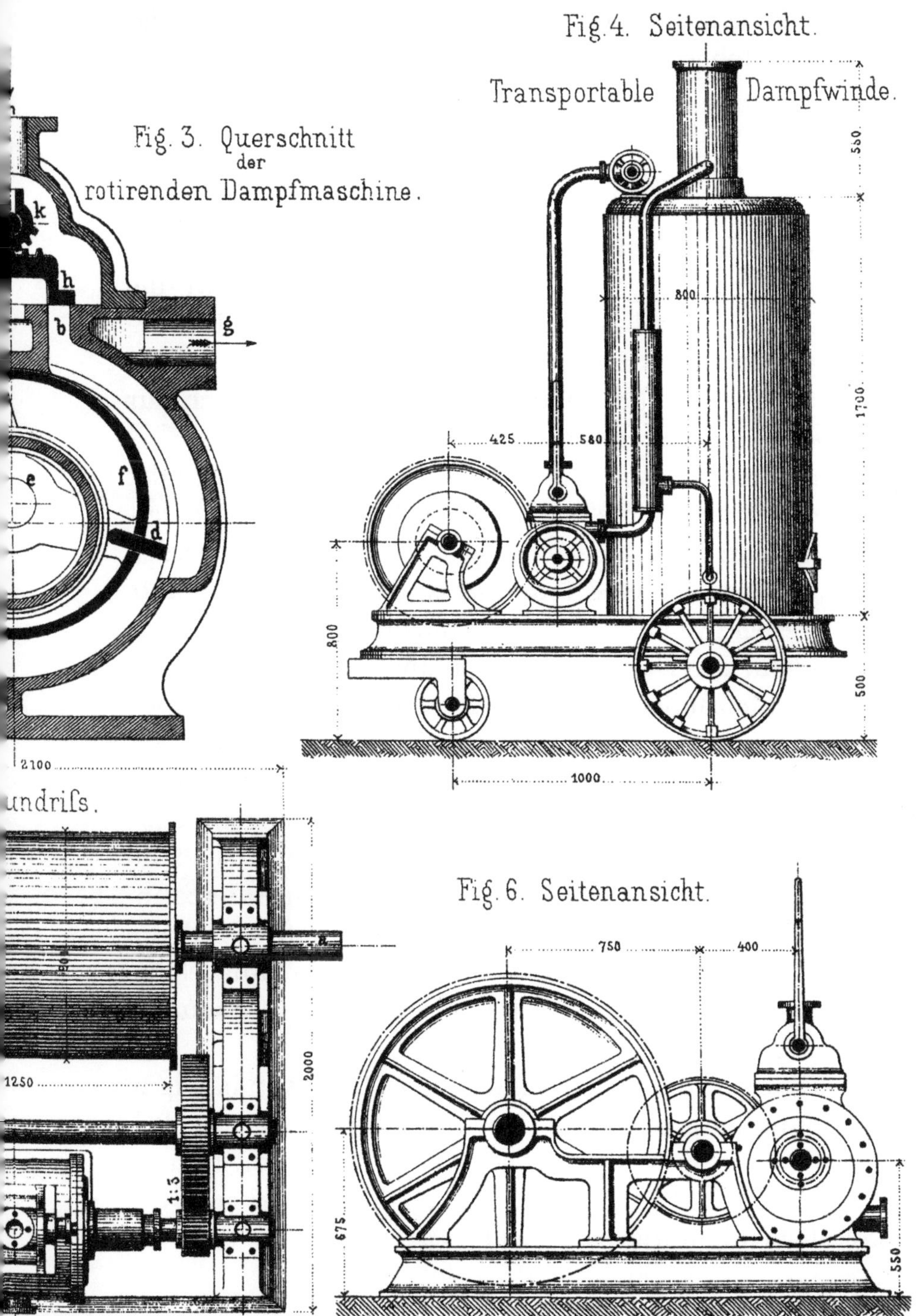
Fig.4. Seitenansicht.
Transportable   Dampfwinde.
Fig. 3. Querschnitt
der
rotirenden Dampfmaschine.
k
h
b   g
e   f
d
2100
Grundrifs.
1250
1:5
550
1700
800
425   580
800
500
1000
Fig. 6. Seitenansicht.
750   400
2000
675
550

das Herabsinken der Last zulässt. Bei größeren Winden ist jedoch der Hebel *a* derart mit einer gewöhnlichen Bandbremse verbunden, dass beim Drehen des Hebels nach der einen Richtung die Einrückung der Keilräder, bei der Drehung nach der anderen Seite das Anziehen der Bandbremse bewirkt wird.

Bei rascher Förderung wird dann gewöhnlich derart gearbeitet, dass das Dampfeinlassventil ganz geöffnet wird, die Geschwindigkeit der Lasthebung sodann nur durch den Hebel *a* entweder durch Einrückung der Keilräder oder Anziehen der Bremse reguliert und die Windentrommel auch nur durch den Hebel *a* zum Stillstand gebracht wird.

Bei größeren Dampfwinden sind gewöhnlich zwei oder mehrere Windentrommeln vorhanden, die von einer und derselben Dampfmaschine *(Tafel 9, Fig. 3 – 4)* angetrieben werden können, für jede einzelne Trommel ist dann eine gesonderte Bremse, respektive Einrückhebel *a* und ein gesonderter Regulierhebel *b* für den Dampfeinlass vorhanden.

Winden für bauliche Zwecke, für Docks und Kais werden auf entsprechenden Plattformen samt Dampfkessel (gewöhnlich Röhrenkessel) montiert und fahrbar eingerichtet. *(Fig. 7)*. Die sonstige Konstruktion ist dieselbe, wie oben angegeben.

In den Bahnhöfen der Philadelphia- und Reading-Eisenbahn (Lastenbahnhof in Port Richmond), und auf dem Güterbahnhof der Philadelphia-Wilmington und Baltimore-Eisenbahn und der Delaware- und Lackawana-Eisenbahn in Philadelphia sind eine größere Zahl solcher Dampfwinden für Verladungszwecke seit Jahren in Betrieb.

Des Weiteren sind Dampfwinden von Williamson häufig in Verwendung als Schiffswinden sowie bei öffentlichen und Privatbauten. Alle im Vorigen angeführten Williamson-Dampfwinden werden außerdem statt mit Friktionsrädern auch mit gewöhnlichen Zahnrädern gebaut *(Fig. 5 u. 6)*.

Die Firma Copeland & Bacon in New York baut seit Jahren Dampfwinden in den verschiedensten Formen, welche durch ihre Antriebsmaschine charakteristisch sind. Die Antriebsdampfmaschine besteht aus einem vertikalen Dampfzylinder, dessen Kolben mit einem Taucherkolben von viereckigem Querschnitt verbunden ist; eine viereckige Stopfbüchse führt den Taucherkolben und ermöglicht es, in der Höhlung des Kolbens die Schubstange zu befestigen und ohne weitere Geradführung mit der Kurbel zu verbinden, welche Anordnung eine geringere Höhe der Maschine gegenüber der gewöhnlichen Anordnung bedingt.

Bacon-Dampfwinden sind als Bauwinden, und zwar sowohl fix als auch transportabel vielfach in Anwendung und wurden auch mehrfach in größeren Dimensionen als Fördermaschinen für Bergwerke, in Steinbrüchen und auch als Gichtaufzüge ausgeführt.

Eine Dampfwindenkonstruktion, welche von Lane & Bodley in Cincinnati vielfach ausgeführt wurde, ist *Tafel 8, Fig. 6 – 7* skizziert. *a* ist die Dampfmaschine, welche die Kurbelwelle antreibt, von welcher aus durch ein auslösbares Getriebe direkt die Windentrommel *t* bewegt wird. Außerdem ist eine kleine fliegende Friktionstrommel zur Vornahme kleiner Lastenhebungen angebracht. Die Dampfwinde wird in der Stärke von 8 – 25 PS ausgeführt, Maschinen über 16 PS werden mit gekuppelten Antriebsmaschinen und Umsteuerung gebaut.

Wm. D. Andrews & Brothers in New York bauen Dampfwinden mit Friktionsräderübertragung.

Die am meisten verbreitete ist die halbstationäre Anordnung. Auf einer starken Fundamentplatte sind der Dampfkessel und die Ständer der Lastwinden montiert, durch eine oszillierende Antriebsmaschine, die sich durch ihren Drehzapfen selbst steuert, wird die Kurbelwelle angetrieben, auf welcher

Keilgetriebe befestigt sind, wodurch zwei voneinander unabhängige große Keilräder angetrieben werden können. Jedes dieser Friktionsräder steht in Verbindung mit einer Windentrommel. Die Achse ist fix gelagert, die Trommel samt Rädern drehen sich lose auf derselben.

Die Lagerung der Achse erfolgt jedoch auf beiden Seiten exzentrisch und durch die, auf jeder Seite angebrachten Handhebel kann die Achse gehoben oder gesenkt, respektive eines der beiden Friktionsräder in Eingriff mit dem darüber liegenden Getriebe gebracht werden.

Außerdem ist auf jeder Seite ein durch die Füße zu bedienender Bremshebel vorhanden, wodurch der Bremsbacken, welcher entsprechend den Einschnitten der Keilräder ebenfalls mit Riffen versehen ist, angezogen wird und Maschine oder Last festgebremst werden kann. Die Bremse dient hierbei nur als Sicherheitsvorrichtung; für gewöhnlich wird die Geschwindigkeit der Lasthebung und Regulierung der Geschwindigkeit beim Lastsinken nur durch stärkeres oder schwächeres Anpressen der Keilräder bewirkt.

Die Antriebsmaschine ist außerdem mit einem Regulator versehen; die Kurbelwelle trägt ein Riemenscheiben-Schwungrad, durch welches Kraft für andere Zwecke abgegeben werden kann.

Die beiden Friktionsräder haben verschiedene Durchmesser (760 mm und 680 mm), und die dazu gehörigen Getriebe besitzen je 100 mm und 200 mm Durchmesser. Die größere Übersetzung wird für größere, die kleinere Übersetzung für kleinere Lasten eingeschaltet.

Fördermaschinen

Größere Fördermaschinen für Bergwerksbetrieb waren auf der Ausstellung in Philadelphia nur sehr spärlich vertreten und auch von den ausgestellt gewesenen boten nur wenige der kleineren Maschinen Bemerkenswertes in der Konstruktion, während die großen Fördermaschinen an die Vollendung der europäischen Maschinen in keiner Weise hinanreichten. Die geringen Schachttiefen in der Anthrazitregion sowohl, als auch im Steinkohlengebiete von Ohio bedingen keine außergewöhnlichen Konstruktionen und zudem ist die Ausstattung der Maschinen mit Sicherheitsvorrichtungen in der Regel eine sehr dürftige, daher in dieser Gruppe über wenig Neues berichtet werden kann.

Von größerem Interesse sind die auf Tagbauten üblichen kleinen Fördermaschinen mit Friktionsräderübertragung und lösbaren Seiltrommeln, welche außerordentlich weit verbreitet sind und namentlich auf den Erzgruben am Lake Champlain, am Lake Superior, teilweise auch in der Anthrazitregion ausgeführt wurden.

Die Vorteile dieser in Amerika so außerordentlich beliebten Anordnung liegen in der Verwendung kontinuierlich und ökonomisch arbeitender Antriebsmaschinen, die keiner großen Aufmerksamkeit bedürfen und nicht umgesteuert zu werden brauchen, in dem vollkommen geräuschlosen und ruhigen Gang, in der außerordentlich einfachen und bequemen Handhabung, in der raschen Auslösbarkeit der Fördertrommeln, in der Möglichkeit, die Förderanlage durch Hinzufügung neuer Seiltrommeln zu vergrößern und von einer Maschine aus durch verschiedene Seilleitungen zu verschiedenen Förderpunkten gelangen zu können. Solche Fördermaschinen sind namentlich häufig für Förderungen in Tagbauten, in Steinbrüchen, auch in großen Warenhäusern und Docks ausgeführt.

Dieselben sind jedoch nur für kleine Lasten und geringe Schachttiefen in Verwendung, wo ein Gleiten der Keilräder teils nicht so leicht eintreten kann und auch nicht gefahrvoll wird, und wo der Einfluss des Seilgewichtes noch kein bedeutender ist.

Auch für provisorische Anlagen, sowie in den Bergwerken der westlichen Staaten werden Fördermaschinen sehr häufig

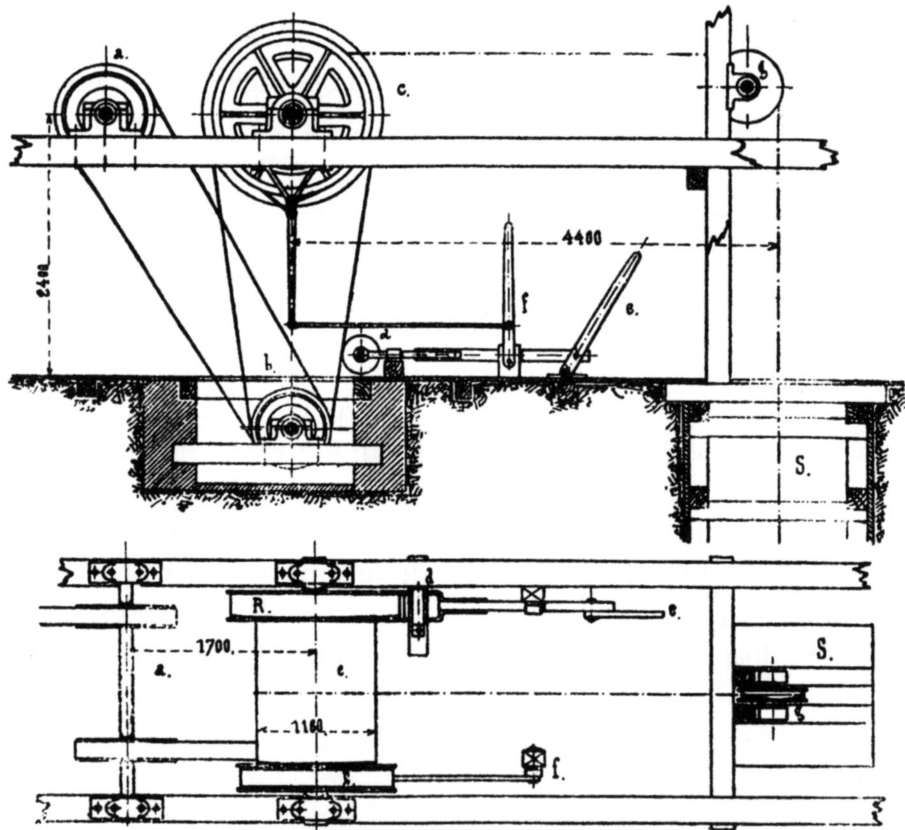

Abb. 4. Disposition von Fördertrommeln (Colorado).

mit kontinuierlich laufenden Antriebsdampfmaschinen und Friktionsrädern, lösbaren Kupplungen etc. ausgeführt. Auf der Ausstellung in Philadelphia waren Zeichnungen solcher Fördermaschinen ausgestellt, die hier als charakteristische Typen aufgenommen sind, ohne jedoch als Muster hingestellt zu werden.

In Colorado ist für Schächte bis zu 70 m und für verhältnismäßig kleine Lasten die in *Abb. 4* skizzierte Anordnung weit verbreitet.

Von einer konstant umlaufenden Dampfmaschine wird durch einen Riemen die Vorgelegewelle *a*, von dieser durch einen weiteren Riemen die Vorgelegewelle *b* betrieben. Die eigentliche Fördertrommel ist auf dem Gebälk über der Sohle des Maschinenhauses gelagert und wird von der Vorgelegewelle *b* durch einen Riemen angetrieben, der lose hängt und durch Spannrollen *d* vom Hebel *e* aus angespannt werden kann; dadurch kann jederzeit die Lasthebung eingeleitet werden. Für den Stillstand der Fördertrommel oder für das Herablassen des Fahrstuhls in den Schacht wird die auf der Fördertrommel angebrachte Bremse benützt. Die Welle der ersten Antriebsriemenscheibe *a* ist auf dem Gebälk gelagert und es wird durch diese Welle die Kraft oft bis zu 100 – 200 m weit zu anderen Förderungen geleitet.

In Nevada sind ebenfalls häufig kontinuierlich laufende Antriebsdampfmaschinen zum Betrieb der Förderanlagen verwendet, wobei die Kraftübertragung auf die Trommeln entweder durch Friktionsräder, in wenigen Fällen auch durch Kupplungen besorgt wird. Die allgemeine Anordnung solcher Fördermaschinen ist aus *Fig. 5* ersichtlich, welche einen weit verbreiteten Typus von Fördermaschinen der westlichen Staaten repräsentiert.

Die Schwungradwelle treibt das Friktionsgetriebe, die großen Friktionsräder *d* sind mit der Windentrommel zusammengeschraubt, die Lager der Trommelwellen sind durch ein Hebelwerk *h* verschiebbar; dadurch können die Friktionsräder aneinander gepresst und der Betrieb der Fördertrommeln eingeleitet werden. Außerdem trägt jede Fördertrommel eine Bandbremse, die ebenfalls durch einen Handhebel *g* bedient wird. Eine andere gleichfalls in Nevada mehrfach ausgeführ-

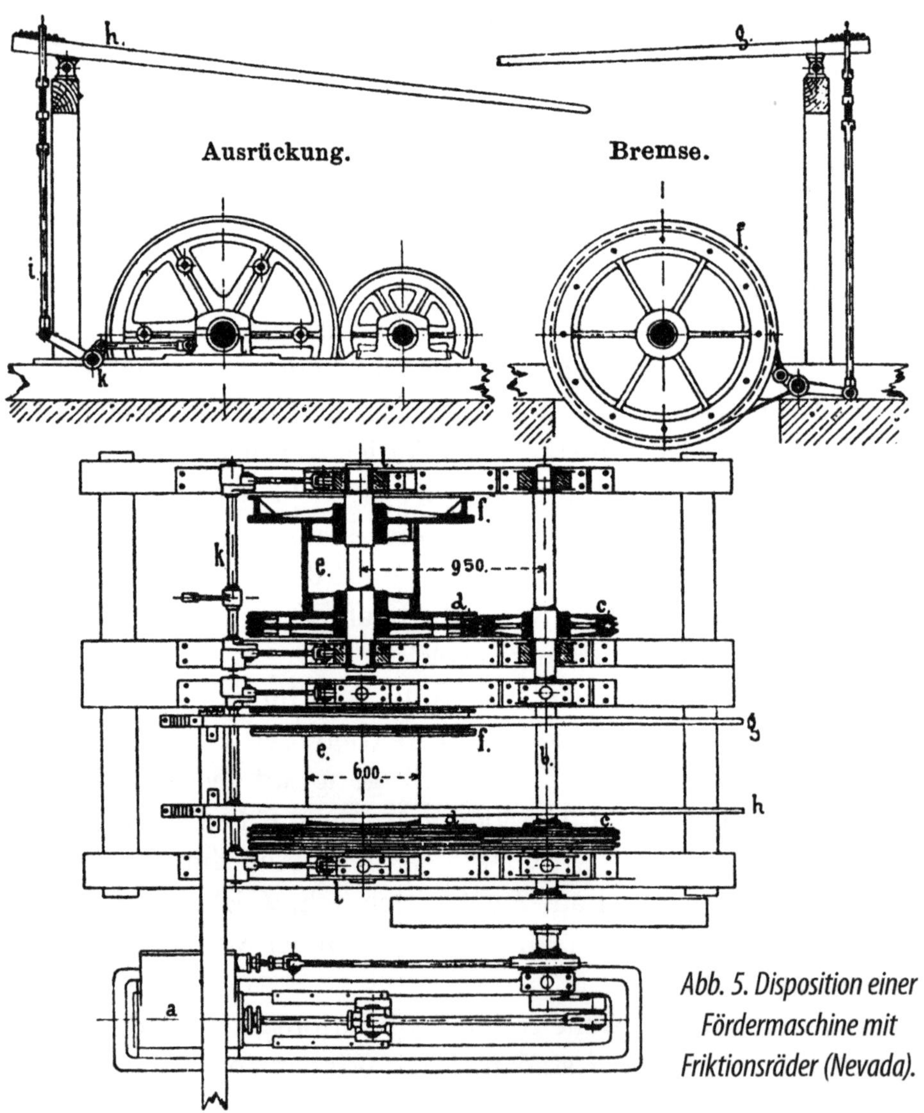

Abb. 5. Disposition einer Fördermaschine mit Friktionsräder (Nevada).

te Anordnung mit Klauenkuppelung ist in *Fig. 6* dargestellt. Hier sind zwei Bobinen unabhängig voneinander auf kurzen Wellen gelagert und auf jeder Welle ein großes Zahnrad und eine Bremse aufgekeilt. Die Zahnräder können unabhängig voneinander durch Getriebe angetrieben werden, die auf der Dampfmaschinenwelle sitzen und mit der konstant laufenden

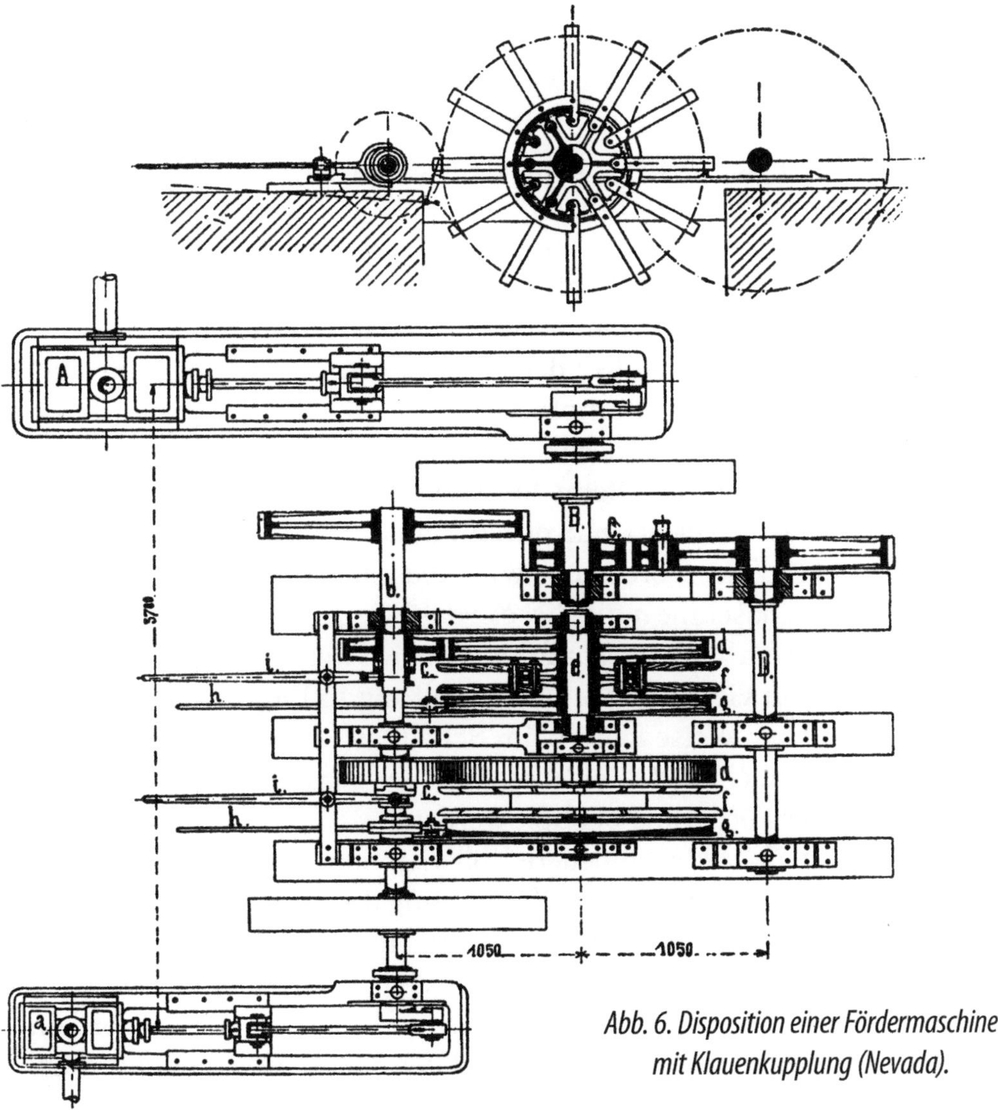

Abb. 6. Disposition einer Fördermaschine
mit Klauenkupplung (Nevada).

Antriebswelle durch Klauenkupplungen gekuppelt oder gelöst werden können.

Die Lasthebung wird durch Einlösung der Klauenkupplungen und Übertragung der Bewegung durch Zahnräder auf die Bobinen bewirkt.

Das Einfahren in den Schacht erfolgt bei gelösten Klauenkupplungen, nur mit Hilfe der auf den Bobinenwellen angebrachten Bandbremsen, die durch gesonderte Hebel bedient werden. Da auf diese Weise das Hinablassen des Fahrstuhls in den Schacht durch die Bremse nur unvollkommen reguliert werden kann, sind die Antriebsdampfmaschinen fast aller dieser Fördermaschinen mit einer Umsteuerung versehen, die bei eingerückten Kupplungen dann benutzt wird, wenn Belegschaft in den Schacht einfährt, wobei die Geschwindigkeit des Einfahrens durch die Bremse und durch die Dampfmaschine reguliert wird. Außer der eigentlichen Fördermaschine *a* ist noch eine zweite Dampfmaschine *A* angebracht, welche durch die ersichtliche Räderübersetzung das Vorgelege der Wasserhaltung antreibt. Beim Stillstand der Fördermaschine wird die Wasserhaltung nur durch diese Dampfmaschine besorgt; während der Förderung wird jedoch die konstant laufende Fördermaschine *a* für Zwecke der Wasserhaltung benützt und zu diesem Ende das auf der Antriebswelle sitzende Zahnrad mit dem Getriebe der Wasserhaltung in Eingriff gebracht. In ähnlicher Weise kann beim Schadhaftwerden der Fördermaschine auch die Dampfmaschine der Wasserhaltung für Zwecke der Förderung benützt werden.

Auf *Tafel 11* sind neuere Konstruktionen von Fördermaschinen mit Friktionsräder-Übertragung dargestellt, die in den Erzbergbauten in New York, Michigan und in den Docks und Warenhäusern der großen Hafenstädte im Betrieb sind.

Ausgeführt werden solche Maschinen von den Fabriken S. F. Hodge & Co. in Detroit und der Baxter Steam Engine & Co.

in New York u. a. *Fig. 1–4* zeigt eine auf den Gruben am Lake Superior häufig verwendete Konstruktion. Die horizontale Welle *a* wird von einer liegenden Dampfmaschine kontinuierlich angetrieben und von derselben nach beiden Seiten durch aufgekeilte Friktionsräder *b b* die Bewegung auf die Fördertrommeln *t t* übertragen.

Die Lager der Trommelwelle sind auf derjenigen Seite, wo die großen Friktionskeilräder *c* sich befinden, verschiebbar, und zwar wird diese Verschiebung durch einen kleinen Dampfzylinder *d*, der in *Fig. 3 u. 4* dargestellt ist, ausgeführt. Durch Einlassen von Dampf in diesen Zylinder wird durch das gezeichnete Hebelwerk die Lagerschale, in welcher der Zapfen der Trommelwelle ruht, verschoben, dadurch die Friktionsräder *e* an die Keilräder *b* angepresst und die Drehung der Fördertrommel, respektive die Lasthebung eingeleitet.

Das Senken einer Last erfolgt wieder bei losgelösten Keilrädern, das ist bei zurückgezogenem Dampfkolben *d*, wobei die Geschwindigkeit der Lastsenkung durch die Backenbremse *f*, die in die Keilausschnitte des Rades *c* eingreift, reguliert wird.

Die Antriebswelle *a* ist auf der, der Antriebsmaschine entgegengesetzten Seite durch eine Kupplung mit einer weiteren horizontalen Welle verbunden, von welcher aus in ganz analoger Weise weitere 2 oder 4 Seiltrommeln bewegt werden.

Fig. 5–7 zeigt die Anordnung einer Förderanlage, die in den großen Warenhäusern in New York, Boston, Baltimore etc. zum raschen Verladen von Gütern außerordentlich häufig in Verwendung ist. Es treibt hierbei eine meist transportable Dampfmaschine (Lokomobile oder halbstationäre Dampfmaschine) durch einen Riemen die Antriebsscheibe *a*, von deren Welle durch das aufgekeilte Friktionsrad *b* nach rechts und links die größeren Friktionsräder *c c* angetrieben werden können.

Fig. 1. Seiten-Ansicht.

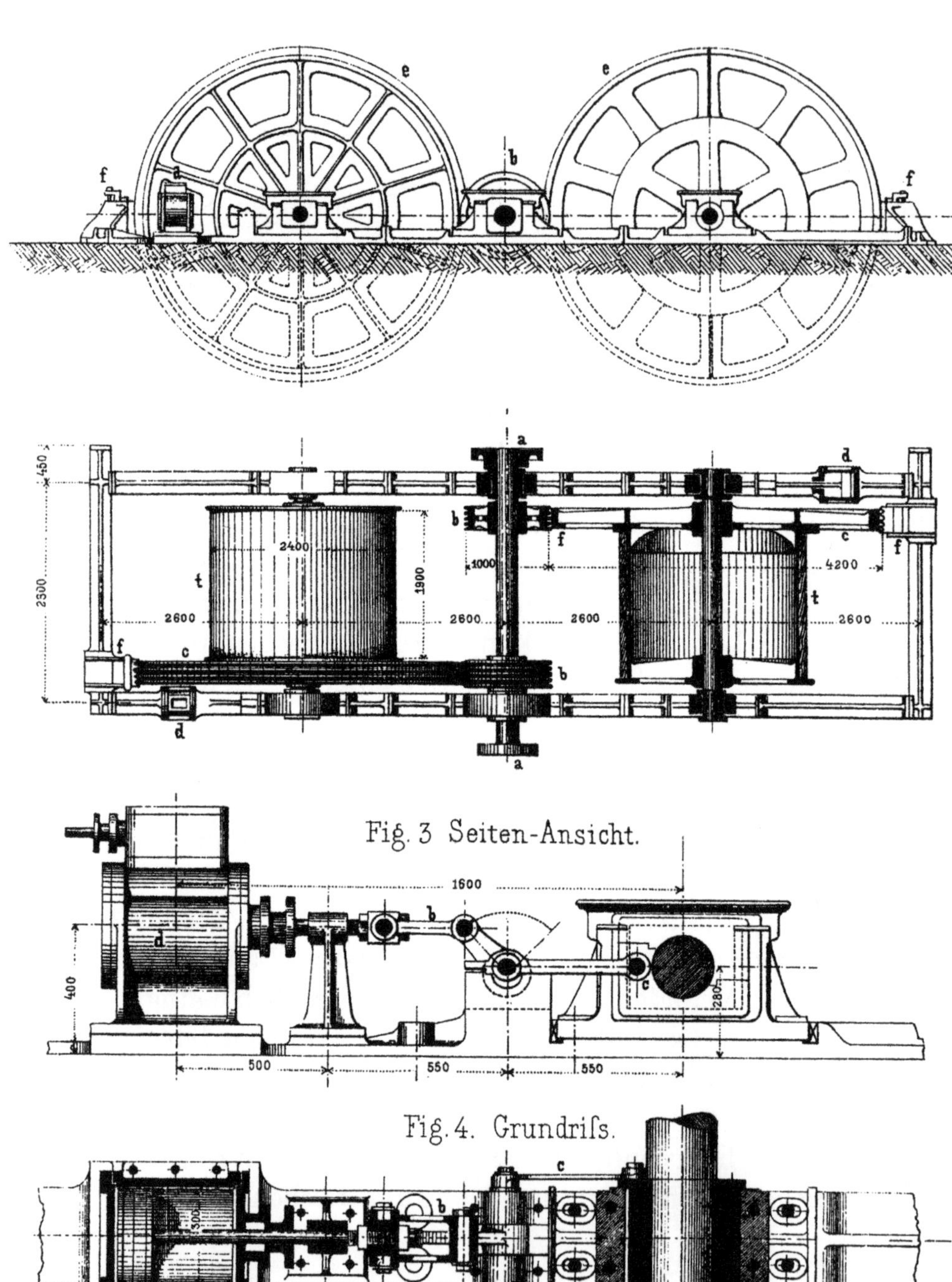

Fig. 5 Verticaler Längenschnitt.

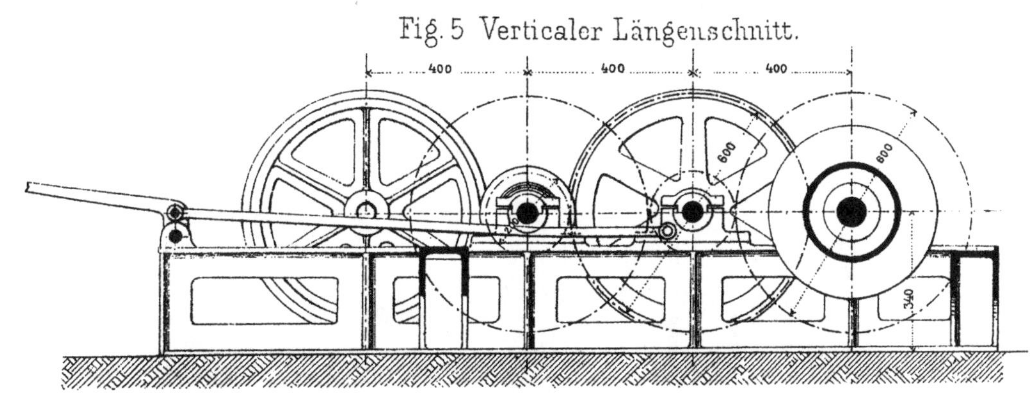

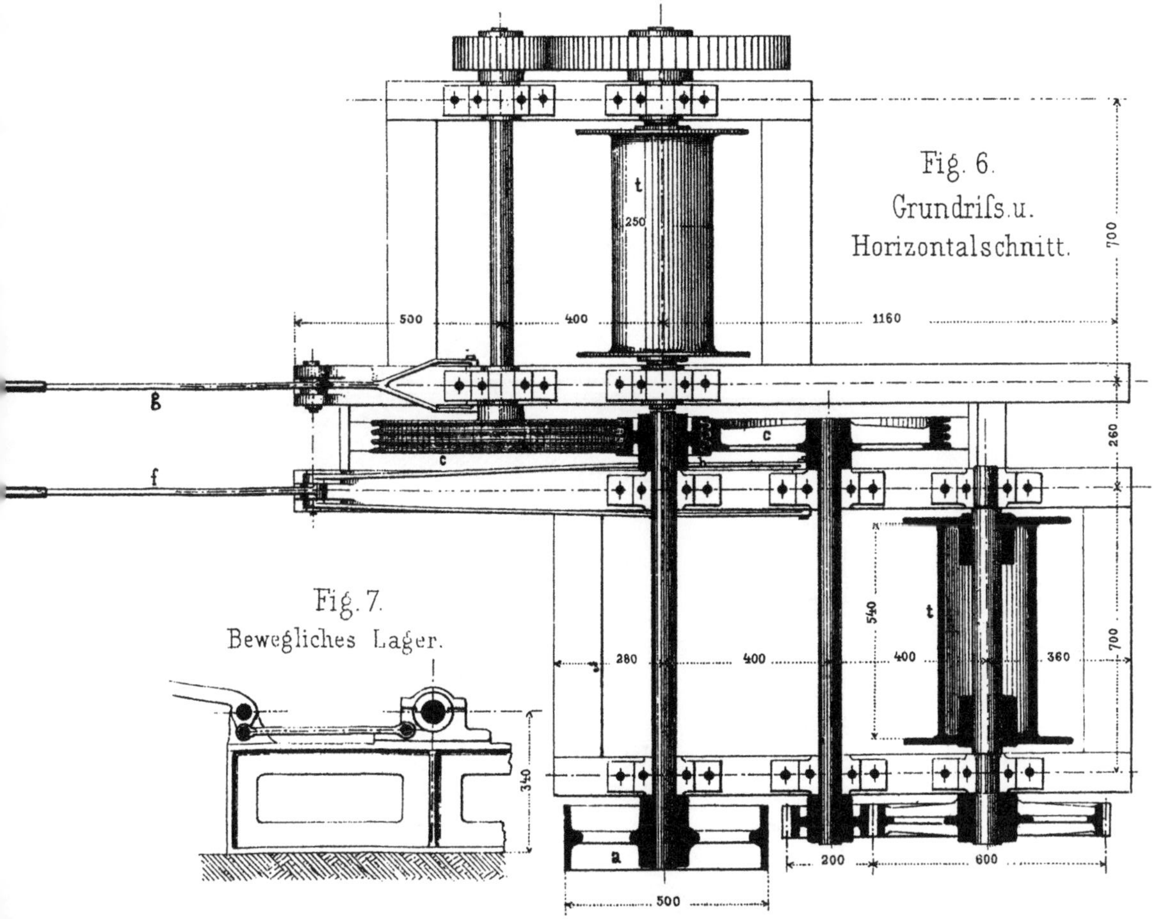

Fig. 6.
Grundrifs.u.
Horizontalschnitt.

Fig. 7.
Bewegliches Lager.

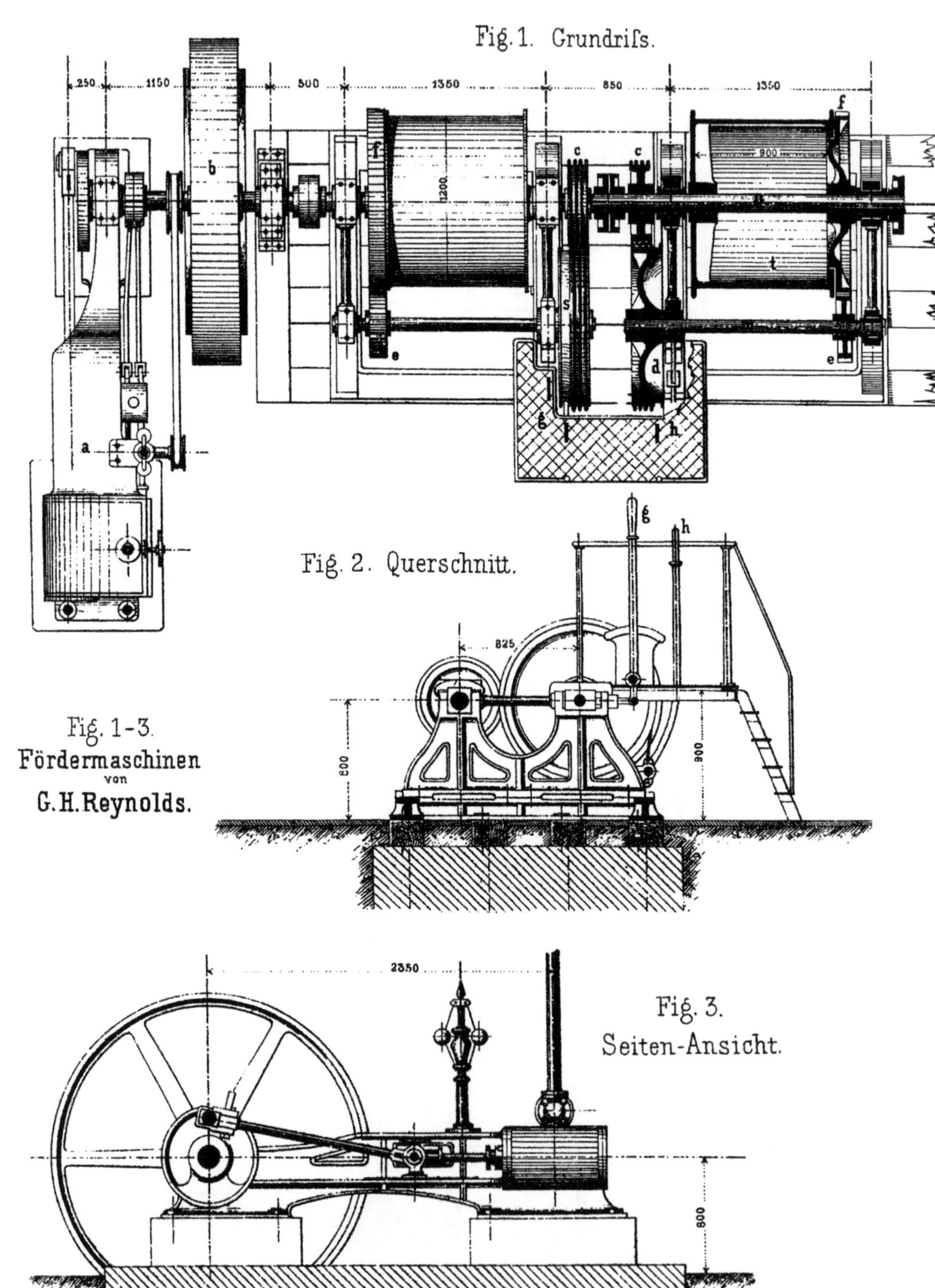
Fig. 1. Grundriſs.
250
1150
500
1350
850
1350
f
900
b
1200
f
c
c
s
t
e
d
e
g
h
Fig. 2. Querschnitt.
g
h
825
800
900
Fig. 1-3.
Fördermaschinen
von
G. H. Reynolds.
2350
Fig. 3.
Seiten-Ansicht.
800
a

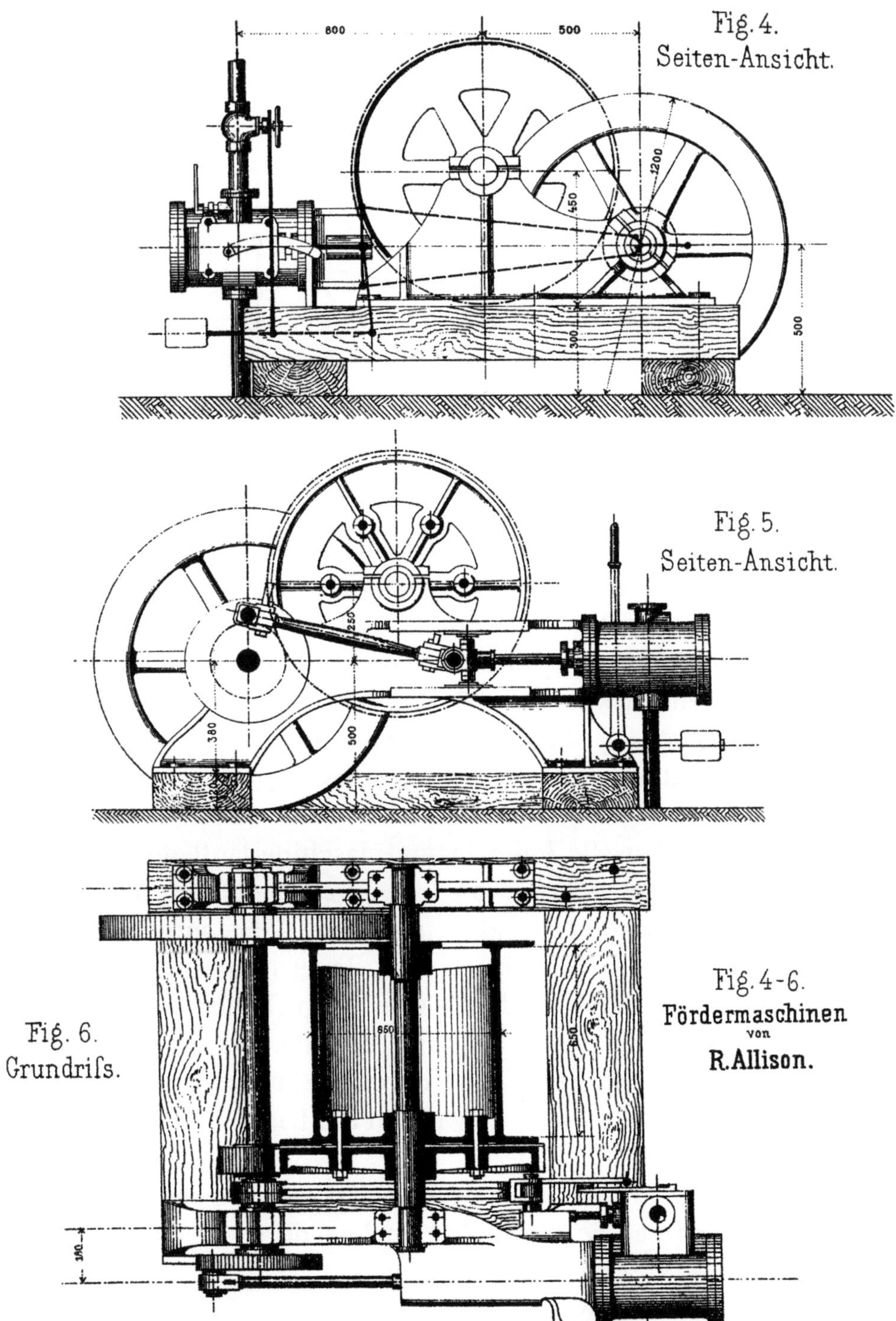
800
500
Fig. 4.
Seiten-Ansicht.
1200
450
500
300
Fig. 5.
Seiten-Ansicht.
250
380
500
Fig. 6.
Grundrifs.
650
Fig. 4-6.
Fördermaschinen
von
R. Allison.
190

Diese größeren Friktionsräder betreiben dann durch gewöhnliche Räderübersetzungen die Seiltrommeln *t*, durch welche die Lasthebung ausgeführt wird. Die Lager dieser Räder sind durch Hebel *(s. Tafel 11, Fig. 7)* parallel verschiebbar, so dass die Keilräder durch Anpressen beliebig mit der Antriebsmaschine gekuppelt oder gelöst werden können.

Eine der neuesten Konstruktionen von Fördermaschinen mit lösbaren Seiltrommeln ist auf *Tafel 12, Fig. 1 – 3* dargestellt, welche Konstruktion von G. H. Reynolds herrührt, und welche durch die Union Drill Co. und die Compressed Air Power Co. in den Bergbaudistrikten am Lake Champlain und in Michigan eingeführt wurde. Die Fördermaschinen werden in vollendeter Ausführung in der Maschinenfabrik C. H. Delamater & Co. in New York gebaut.

Die Antriebsmaschine *a* ist eine liegende Dampfmaschine, auf einem Balkenbett montiert *(s. Fig. 3)*, welche die Schwungradwelle *b* antreibt. Die Dampfmaschine ist mit Riderscher Expansionssteuerung (drehbarem Expansionsschieber auf dem runden Rücken eines Verteilungsschiebers) ausgerüstet, welche Steuerung durch den Regulator selbsttätig verstellt wird, daher die Maschine in Bezug auf Kohlenverbrauch günstig arbeitet.

Die Antriebswelle *b* der Dampfmaschine läuft durch entsprechend angebrachte Lager lose durch die Naben der Seiltrommeln *t*; hingegen sind fix auf diese Welle aufgekeilt die Friktionskeilräder *cc*, mit welchen Rädern die großen Friktionsräder *dd* durch Andrücken in Eingriff gebracht werden können, so dass dann die Bewegung der Dampfmaschine durch die Räder *cc* auf *dd* und durch die Stirnräder *ef* auf die Windentrommeln *t* übertragen und die Lasthebung eingeleitet werden kann.

Wie aus *Fig. 2* ersichtlich ist, erfolgt das Anpressen der Friktionsräder *dd* an *cc* durch die Hebel *gg*, durch welche die Lager der Vorgelegewelle parallel verschoben und zwischen den Zähnen der Keilräder genügende Pressung und Reibung erzeugt werden kann, um die Lasthebung auszuführen. Durch Ausrückung der Friktionsräder werden die Seiltrommeln von der Antriebsmaschine losgekuppelt, die Last kann durch ihr Eigengewicht herabsinken, wobei die Geschwindigkeit der Lastsenkung durch die auf jeder Vorgelegewelle angebrachte Bandbremse s, welche durch den Hebel h bedient wird, reguliert werden kann. Von der Dampfmaschine aus werden in dieser Anordnung oft bis zu acht Fördertrommeln angetrieben, die behufs Lasthebung beliebig mit der Maschine gekuppelt oder für die Lastsenkung unabhängig voneinander bedient werden können. Die Förderseile werden von den Seiltrommeln in beliebiger Richtung zum Fahrstuhl usw. geführt und es erhält jede Fördertrommel einen Mann zur Bedienung des Einrückhebels und der Bremse, der dann seine Trommel unabhängig von den übrigen bedient.

In ganz ähnlicher Anordnung hat G. H. Reynolds komplette Maschinenanlagen für Schächte ausgeführt, wobei von zwei liegenden, kontinuierlich laufenden Dampfmaschinen eine lange Welle und von dieser aus durch Friktionsräder 2 – 6 lose Fördertrommeln angetrieben werden können.

Die verlängerten Kolbenstangen der Antriebsdampfmaschine treiben eventuell direkt eine liegende Luftkompressionsmaschine und von der Mitte der Antriebswelle wird durch Räderübersetzung eine Vorgelegewelle bewegt, von welcher aus durch Kurbeln und Gestänge die Wasserhaltung angetrieben werden kann.

Solche komplette Anlagen wurden ebenfalls von der Maschinenfabrik C. H. Delamater in New York für Erzbergbauten am Lake Champlain gebaut.

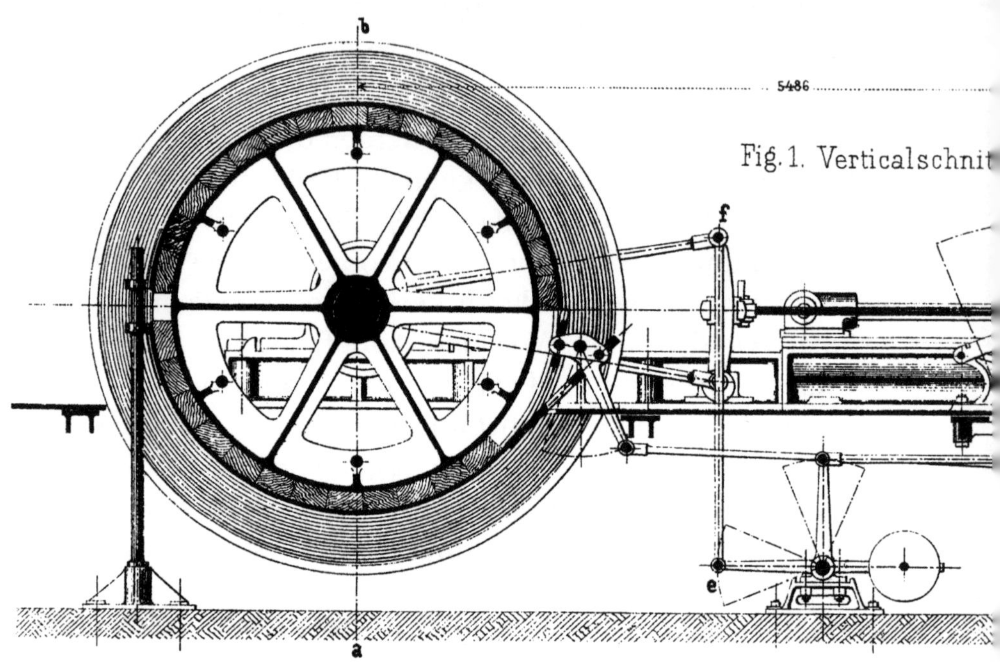

5486
Fig. 1. Verticalschnit
b
a
e
f

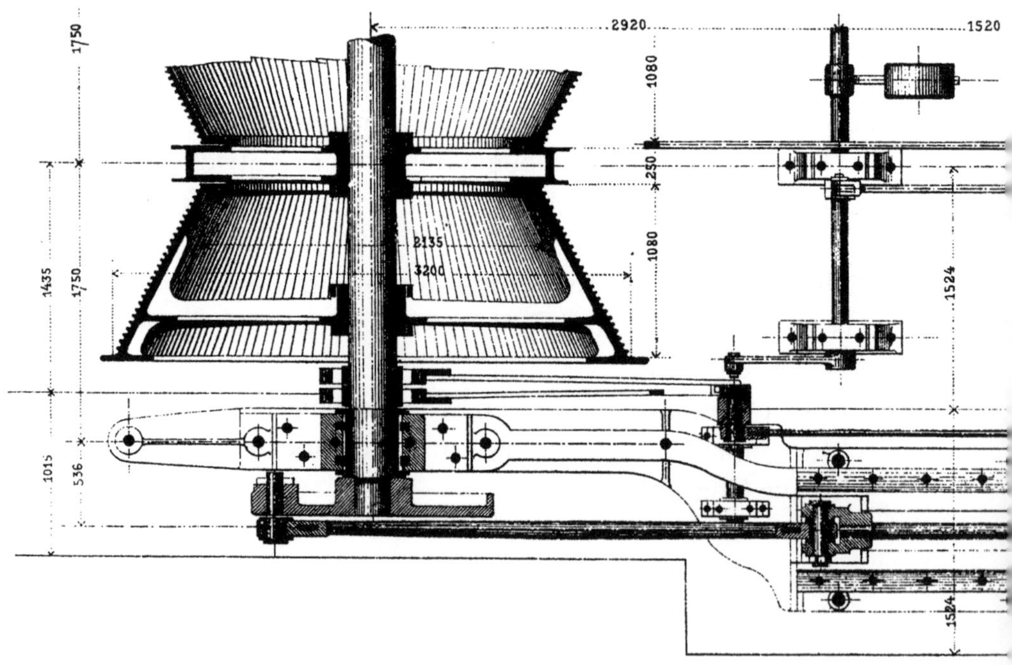

Fig. 2. Horizontalschnitt.
1750
2920
1520
1080
250
1080
1524
1435
1750
3135
3200
1015
536
1524

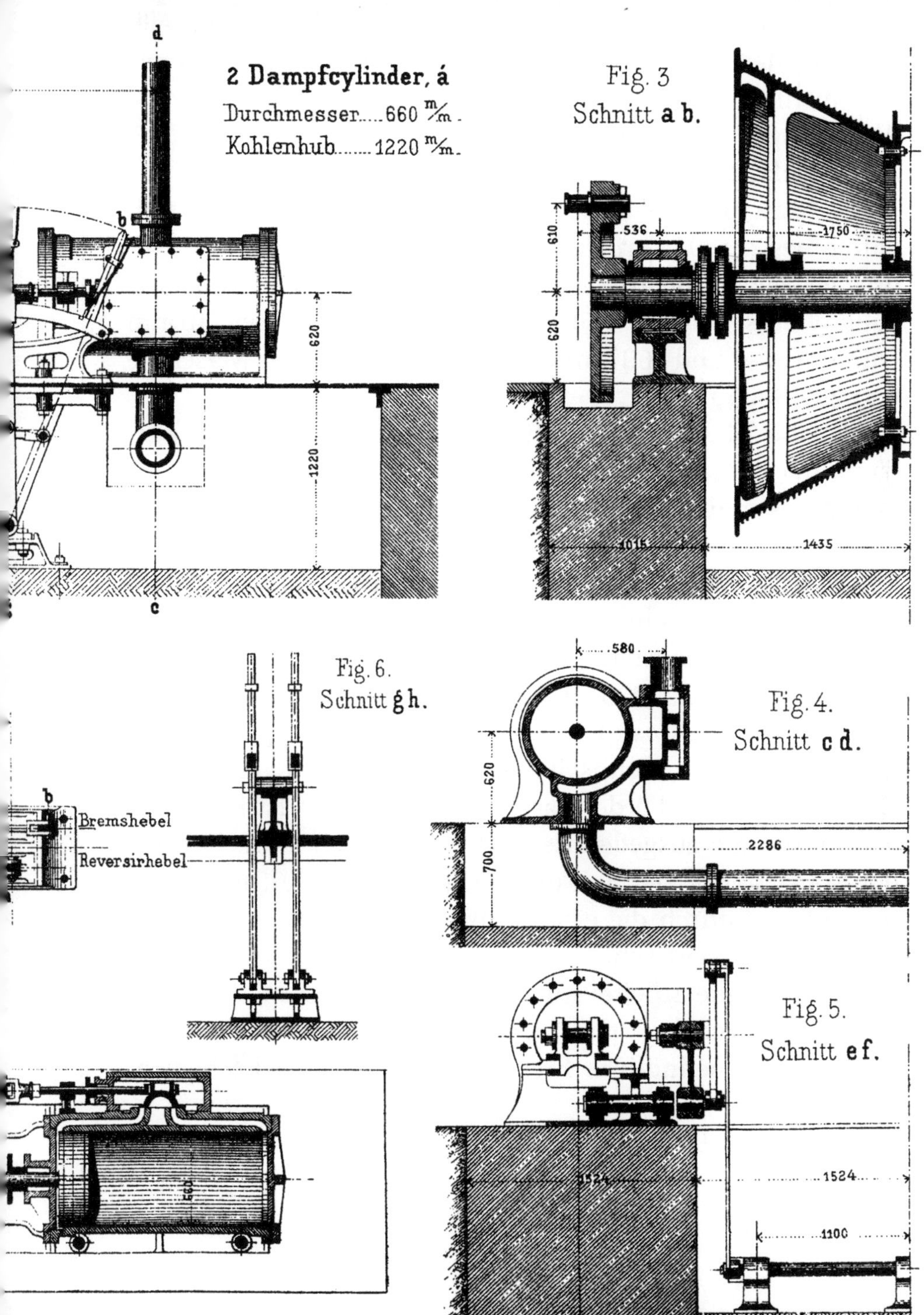
d
2 Dampfcylinder, á
Durchmesser.....660 m/m.
Kohlenhub.......1220 m/m.
b
620
1220
c
Fig. 3
Schnitt a b.
610
536
1750
620
1015
1435
Fig. 6.
Schnitt g h.
b
Bremshebel
Reversirhebel
580
Fig. 4.
Schnitt c d.
620
700
2286
Fig. 5.
Schnitt e f.
1524
1524
1100

Eine kleine Fördermaschine, welche von der Firma Allison & Bannan, Franklin Iron Works in Port Carbon (Pennsylvanien), in neuester Zeit für Förderungen, Kabelwinden, Abteufungen etc. vielfach ausgeführt wurde, ist auf *Tafel 12, Fig. 4–6* dargestellt.

Die Maschine besitzt einen Dampfzylinder von 255 mm Durchmesser, 305 mm Hub, wird durch eine Stephenson-Kulisse gesteuert und treibt durch eine einfache Räderübersetzung (Übersetzung 1:4,5) eine Windentrommel von 710 mm Durchmesser und 760 mm Länge. Das Gewicht der Maschine beträgt 1800 kg.

Dieselbe Maschine wird für Schachtkabel mit Zwillingsdampfmaschine ausgeführt, mit Windentrommel von 0,71 m Durchmesser und 1,25 m Länge.

Die Dickson Manufacturing Co. in Scranton (Pennsylvanien) stellte in der Maschinenhalle eine größere Fördermaschine mit einer Zwillingsdampfmaschine von 660 mm Zylinderdurchmesser und 1220 mm Hub aus, welche Maschine auf *Tafel 13* dargestellt ist. Die Maschine kann als Typus einer in den Bergwerken in Pennsylvanien und Ohio weit verbreiteten Konstruktion von Fördermaschinen gelten, und ist insbesondere durch die ausgedehnte Verwendung von Gusseisen bei der Konstruktion der Spiralkörbe (2,13 m und 3,05 m Durchmesser) und durch die eigentümliche Form des Maschinenbettes charakteristisch.

Die Maschine arbeitet mit Stephenson-Kulissen, die durch den Hebel *a* gesteuert werden, während die, zwischen den Treibkurbeln befindliche Bremse durch den Hebel *b* bedient werden kann.

Alle übrigen Details sind aus der Zeichnung ersichtlich.

Neben der Dickson Manufacturing Co. haben noch die Maschinenfabrik von Allison & Bannan in Port Carbon, J. H. Shal-
keld & Co. in Mauch Chunk (Pennsylvanien), Tood & Rafferty
Machine Co. in Paterson (New-Jersey) u. A. eine größere Zahl
von Fördermaschinen in der Kohlenregion östlich vom Alleg-
hanygebirge ausgeführt. Von diesen Maschinen waren mehrere Zeichnungen in Philadelphia ausgestellt, dieselben beten
jedoch nichts Bemerkenswertes.

— — —

Fritz Eiselen • Albert Hofmann
Die elektrische Hoch- und Untergrundbahn in Berlin
Mit der Eröffnung der Berliner Hoch- und Untergrundbahn am 18. Februar 1902 fanden zehn Jahre Planung und Bau der ersten deutschen U-Bahn ihren vorläufigen Abschluss. Die damaligen Redakteure der ›Deutschen Bauzeitung‹ Fritz Eiselen und Albert Hofmann schildern die Arbeiten aus Sicht der Ingenieure und Architekten. Dabei gehen sie nicht nur auf die technischen Aspekte ein, sondern widmen sich auch der künstlerischen Ausgestaltung der Strecke und der Bahnhöfe. Zahlreiche Fotos und Zeichnungen illustrieren dieses Zeitdokument der Berliner Verkehrsgeschichte. **• ISBN 978-3-7528-9695-4**

Paul Wittig • Johannes Bousset • Gustav Kemmann • Alfred Grenander
Die Untergrundbahn nach Dahlem und Westend
Nach der Eröffnung der Berliner Hoch- und Untergrundbahn 1902 war das Interesse der gut situierten westlichen Berliner Vororte an einem Schnellbahnanschluss geweckt. Selbstbewusst und mit der Unterstützung finanzkräftiger Terraingesellschaften entwickelten die Städte Charlottenburg und Wilmersdorf Pläne für die Erweiterung der Berliner U-Bahn, wobei die Beteiligten teilweise sehr eigenwillige Vorstellungen zur Streckenführung hatten. In diesem Buch schildern ausgewiesene Experten in zeitgenössischen Original-Beiträgen die Entwicklung der Schnellbahnen vom Nollendorfplatz nach Ruhleben, Krumme Lanke und zum Kurfürstendamm zwischen 1906 und 1930. Mit rund 150 Zeichnungen und Fotos. **• ISBN 978-3-7578-8381-2**

Paul Wittig • Karl Bernhard • Gustav Kemmann • Alfred Grenander
Die U-Bahn vom Potsdamer Platz nach Pankow
Die Erweiterung der Berliner Hoch- und Untergrundbahn durch die Innenstadt nach Norden stellte die Ingenieure vor noch nie dagewesenen Herausforderungen. Es mussten nicht nur Hotels, Kauf- und Geschäftshäuser untertunnelt werden, sondern auch die Spree. Die zeitgenössischen Original-Beiträge in diesem Buch geben einen Eindruck von den damaligen Planungen und zeigen, wie dieser wichtige Abschnitt des Berliner Schnellbahnsystems trotz großer Schwierigkeiten gemeistert wurde. Über 100 Zeichnungen und Fotos illustrieren dieses Zeitdokument der Berliner Verkehrsgeschichte. **• ISBN 978-3-7693-8917-3**

Friedrich Gerlach
Die elektrische Untergrundbahn der Stadt Schöneberg
Die 1910 eröffnete Untergrundbahn der damals noch selbstständigen Stadt Schöneberg – heute die Berliner Linie U 4 – war nicht nur die zweite U-Bahn in Deutschland, sie setzte auch neue Maßstäbe bei der Baulogistik und viele Verfahren der ›Berliner Bauweise‹ wurden hier zum ersten Mal angewendet. Dem Verfasser dieses Buches, Stadtbaurat Friedrich Gerlach (1856 – 1938), oblag die oberste Leitung für das Projekt der Schöneberger Untergrundbahn und so erfährt der Leser aus erster Hand, wie die Strecke geplant und gebaut wurde. Über 120 Zeichnungen und Fotos illustrieren dieses Zeitdokument der Berliner Verkehrsgeschichte. **• ISBN 978-3-7519-1432-1**

J. H. M. Poppe • M. Geitel • Guido Sautter • R. Hennig
Geflügelte Worte
Beiträge zur Geschichte der optischen Telegrafie
Gegen Ende des 18. Jahrhunderts wurden die ersten optischen Telegrafenlinien eingerichtet, auf denen Nachrichten dann mehrere Hundert Kilometer innerhalb weniger Minuten zurücklegten. Ausgehend von Paris erbaute Claude Chappe ein Netz aus Signaltürmen, dass bis nach Mainz reichte. Auch in England, Schweden, Dänemark sowie Russland entstanden ausgedehnte Telegrafenanlagen und in Deutschland eine Verbindung zwischen Berlin und Koblenz.
• ISBN 978-3-7693-5322-8

G. Dieterich • F. Ržiha • J. Leupold • A. Hohenstein • A. Lämmerhirt
Die Erfindung der Drahtseilbahnen
Eine Studie aus der Entwicklungsgeschichte des Ingenieurwesens
Während Seilbahnen im ostasiatischen Raum schon recht früh zum Einsatz kamen, wurden in Europa erst ab dem späten Mittelalter vereinzelte Anlagen erbaut. Ausgehend von der Entwicklung von Seileriesen für den Holz-Transport begann dann um 1870 die systematische Konstruktion von Seilbahnen. Gustav Dieterich schildert die Geschichte der Seilbahnen von den Anfängen bis zum ›System Bleichert‹, und so bietet diese erweiterte und reichhaltig illustrierte Neuausgabe einen umfassenden Überblick über die Erfindung der Drahtseilbahnen.
• ISBN 978-3-7693-4011-2

Conrad Matschoss
Die Maschinenfabrik R. Wolf Magdeburg-Buckau 1862 – 1912
Die Lebensgeschichte des Begründers und die Entwicklung der Werke
Die Geschichte der Firma R. Wolf steht beispielhaft für den Aufstieg der deutschen Maschinenindustrie in der zweiten Hälfte des 19. Jahrhunderts. Die Lebensgeschichte des Begründers lässt besonders deutlich erkennen, wie technisches Können, vereint mit kaufmännischer und organisatorischer Begabung letzten Endes die Triebkräfte sind, die alle Schwierigkeiten überwinden. Der Technikhistoriker Conrad Matschoss verfasste diese Denkschrift zum 50-jährigen Bestehen der Maschinenfabrik R. Wolf und schuf damit ein ausführliches und mit über 150 Abbildungen illustriertes Zeitdokument der Industriegeschichte. **• ISBN 978-3-7597-2237-9**

Neue Bahnen denken
Alternative Schienenverkehrskonzepte im 19. Jahrhundert
Die Aufbruchstimmung und der technische Fortschritt im 19. Jahrhundert führten zu immer neuen Erfindungen, die den Verkehr beschleunigen und die Antriebe optimieren sollten. Dabei wurde oft das System von mit Dampflokomotiven bespannten Zügen auf zwei Schienen grundlegend in Frage gestellt. Manche dieser Ideen sind heute wieder aktuell, und so lohnt sich ein unverfälschter Blick auf dieses interessante Kapitel der Verkehrsgeschichte.
• ISBN 978-3-7583-7184-4

Friedrich Schultheis • Alexander Marx
Der Bau des Ludwigs-Kanal zwischen Main und Donau 1836 bis 1846

Mit dem Ludwigs-Main-Donau-Kanal gelang es, die Europäische Wasserscheide zu überwinden und eine schiffbare Verbindung von der Nordsee zum Schwarzen Meer schaffen. Innerhalb von zehn Jahren wurden 100 Schleusen, über 70 Dämme sowie zahlreichen Brücken und Brückenkanäle errichtet. Friedrich Schultheis schildert hier detailreich den Fortgang der Bauarbeiten von den ersten Planungen bis zur Einweihung im Juli 1846. 26 Doppelseitige Illustrationen von Alexander Marx geben einen Eindruck von diesem Meisterwerk der Technikgeschichte.

• ISBN 978-3-7386-4028-1

Der Umbau des Anhalter Bahnhof und die Berlin-Anhalter Eisenbahn

Am 15. Juni 1880 wurde das neue Empfangsgebäude der Berlin-Anhalter Eisenbahn am Askanischer Platz dem Verkehr übergeben. Doch die Eröffnung des imposanten Bauwerks von Franz Schwechten war nur eine Etappe des 1871 begonnenen Umbaus des Anhalter Bahnhof in Berlin. Auf einer Länge von 5 km wurden neben dem Personenbahnhof ein Güterbahnhof, Werkstätten, Aufstell- und Verschiebegleise und viele weitere Anlagen neu errichtet. In zeitgenössischen Originaltexten werden die Anfänge der Berlin-Anhalter Eisenbahn, der Umbau des Bahnhofs und die Architektur der Gebäude geschildert. Zahlreiche Fotos und Zeichnungen illustrieren dieses Zeitdokument der Berliner Verkehrs- und Architekturgeschichte. **• ISBN 978-3-7431-9651-3**

Hans Dominik
Denkende Maschinen
Technische Plaudereien und Betrachtungen

Der Ingenieur Hans Dominik (1872 – 1945) ist vor allem durch seine technisch-utopischen Romane bekanntgeworden. Dominik war aber in erster Linie Wissenschaftsjournalist und verfasste zahlreiche populärwissenschaftliche Beiträge für verschiedene Zeitschriften und Tageszeitungen. Dabei brachte er im lockeren Plauderton dem interessierten Laien wissenschaftliche Grundlagen und neue technische Errungenschaften näher. Dieses Buch versammelt eine repräsentative Auswahl seiner wissenschaftlichen und technischen Plaudereien.

• ISBN 978-3-7597-8354-7

Walter Körte • Jacobus van Ronzelen
Vom Bau der Leuchttürme Roter Sand und Hohe Weg

Mitten im Watt entstand 1854 – 56 der Leuchtturm auf der Sandbank ›Hohe Weg‹. 30 Jahre später wurde dann am ›Roter Sand‹ das erste Offshore-Bauwerk der Welt errichtet. Hier schildern die verantwortlichen Baumeister aus erster Hand, wie sie noch nie dagewesene Herausforderungen meistern mussten und den Launen der Nordsee getrotzt haben.

• ISBN 978-3-7519-2217-3